科学检验精神丛书

为民·求是·严谨·创新

Serving the Public　　Seeking Truth　　Scientific Attitude　　Innovation

知行求是

——检验探究无止境

中国食品药品检定研究院　组织编写

李云龙　总主编

邵建强　徐志理　主　编

中国医药科技出版社

内容提要

科学检验精神的本质在于求是。检验求是，既是履行职责的必然要求，也是确保检验质量的基础保障。本书是《科学检验精神丛书》之《求是篇》。

全书分为八个章节。从哲学基础中寻找源远流长的求是身影，深刻揭示了检验求是的实质、内涵与特征；从实验室科学化管理、质量方针、质量管理体系、技术保障、应急检验等诸多实践领域，全方位解读检验求是的现实需要和指导意义。书中特别阐述了检验求是中人的主导作用、求是与世界接轨的战略抉择，以及求是精神循古至今的持续丰富与发展。

昔言求是，实启而求真。检验求是，体现了对真理的执着，彰显着对检验事业的忠诚。检验求是，深深地扎根于食品药品检验事业的土壤里；求是精神，默默地渗透入食品药品检验工作者的血脉中。在检验事业的改革与发展浪潮中，征途不息，求是不止。

本书适合从事食品药品检验工作者参考与培训，也适合关注食品药品检验行业的人士阅读。

图书在版编目（CIP）数据

知行求是——检验探究无止境 / 邵建强，徐志理主编 . — 北京：中国医药科技出版社，2015.6

（科学检验精神丛书 / 李云龙主编）

ISBN 978-7-5067-7342-3

Ⅰ . ①知⋯　Ⅱ . ①邵⋯　②徐⋯　Ⅲ . ①食品检验—研究—中国　②药品检定—研究—中国　Ⅳ . ① TS207.3　② R927.1

中国版本图书馆 CIP 数据核字（2015）第 052304 号

美术编辑　陈君杞

版式设计　锋尚设计

出版　中国医药科技出版社

地址　北京市海淀区文慧园北路甲 22 号

邮编　100082

电话　发行：010-62227427 邮购：010-62236938

网址　www.cmstp.com

规格　787 × 1092mm　$^{1}/_{16}$

印张　$14^{3}/_{4}$

字数　158 千字

版次　2015 年 6 月第 1 版

印次　2015 年 6 月第 1 次印刷

印刷　北京盛通印刷股份有限公司

经销　全国各地新华书店

书号　ISBN 978-7-5067-7342-3

定价　69.00 元

本社图书如存在印装质量问题请与本社联系调换

《科学检验精神丛书》编委会

《知行求是——检验探究无止境》编委会

主编单位　天津市药品检验所

主　　编　邵建强（天津市药品检验所）

　　　　　徐志理（天津市药品检验所）

副 主 编　李　军（大连市食品药品检验所）

　　　　　张　严（天津市药品检验所）

执行主编　杨林娜（天津市药品检验所）

　　　　　刘晓峰（湖北省食品药品监督检验研究院）

编　　委　王　琳（天津市药品检验所）

　　　　　牟英迪（济南市食品药品检验所）

　　　　　杨美成（上海市食品药品检验所）

　　　　　吴　晔（中国食品药品检定研究院食品药品安全评价研究所）

　　　　　高志峰（中国食品药品检定研究院化学药品检定所）

　　　　　彭宇涛（大连市食品药品检验所）

　　　　　曾三平（湖南省食品药品检验研究院）

　　　　　蔡　颖（天津市药品检验所）

　　　　　魏　莉（湖南省食品药品检验研究院）

食品药品安全是人命关天的事，是天大的事。食品药品安全状况综合反映公众生活质量，事关人民群众身体健康和生命安全，事关社会和谐稳定。党的十八大以来，以习近平同志为总书记的党中央高度重视食品药品安全监管工作，把民生工作和社会治理作为社会建设两大根本任务，大力推进食品药品安全监管体制机制改革。十八届三中、四中全会将食品药品安全纳入了"公共安全体系"，改革多头管理格局，建立完善统一权威的食品药品安全监管体系，建立最严格的覆盖全过程的监管制度。全面深化改革、全面推进依法治国、进一步促进国家治理体系现代化，这些都对食品药品监管工作提出了新的要求。我们要清楚认识当前食品药品安全基础仍然薄弱、新旧风险交织的客观现实，同时，我国食品药品监管事业亦正面临难得的历史发展机遇期。

食品药品检验是食品药品监管至关重要的技术支撑力量，是保证食品药品安全的极其重要的最后一道防线。全国食品药品检验系统广大干部职工，60年励精图治、艰苦奋斗、无私奉献，充分发挥技术支持、技术监督、技术保障和技术服务作用，为保障人民群众饮食用药安全做出突出贡献，全系统也逐渐形成、沉淀和凝结了极其宝贵的精神财富和现代化专业能力。"中国药检"品牌已在国内外形成良好影响和认可。

作为全国食品药品检验领域的"领头羊"，中国食品药品检定研究院带领全国系统总结60年发展历程，归纳提出"为民、求是、严谨、创新"

的科学检验精神。食品药品科学检验精神是社会主义核心价值观在食品药品检验领域的职业体现和生动实践。中国食品药品检定研究院组织全国系统编写《科学检验精神丛书》(简称《丛书》),这是对食品药品科学检验精神的诠释与挖掘。《丛书》集思想性、实践性、知识性和趣味性于一体,是一部理论与实践相结合,历史与现实、未来相呼应,可读性较强的系列丛书,对进一步推动我国食品药品检验事业持续健康发展具有引领和指导作用。

《丛书》的编写出版十分难得,是我国食品药品检验领域的一件大事。希望全国食品药品检验工作者,努力践行科学检验精神,使之贯穿于检验工作全过程各个环节,并在实践中不断丰富和发展,为我国食品药品安全做出新的更大的贡献!愿《丛书》的出版,对于食品药品检验机构及其科技工作者,乃至关心和期盼饮食用药安全的公众及社会各界,都具有一定的指导意义和参考价值。

中国工程院院士

2014年12月

科学检验精神的总结提出，是中国食品药品检定研究院（以下简称中检院）及全国食品药品检验系统集体智慧的结晶。

经过60多年发展与进步，我国食品药品检验机构的检验检测能力和水平不断提高，有力支撑了食品药品监管事业的持续健康发展，为保障公众饮食用药安全做出了突出贡献。在这一过程中，各级检验机构，一代又一代检验工作者艰苦奋斗、励精图治、无私奉献，凝聚了丰富而宝贵的经验，沉积了优良传统和优秀品质。确立科学检验精神就是对这些宝贵经验的总结与提炼，对这些优良传统和优秀品质的继承与升华，以引领和激励我国食品药品检验事业适应新形势的要求，不断推动其持续、健康和科学发展。

"为民"是科学检验精神的核心；"求是"是科学检验精神的本质；"严谨"是科学检验精神的品格；"创新"是科学检验精神的灵魂。科学检验精神的要义是立足科学，着眼检验，突出精神。它是在检验检测实践中，以科学为准则所形成的共同信念、价值标准和行为规范的总称；是科学精神的职业体现和表现形式，是从事食品药品检验的机构及其检验工作者在长期履职实践中形成的一种行业文化。科学检验精神是"中国药检"文化建设的内核。是食品药品科学监管理念的丰富与发展，更是体现时代精神、符合检验行业特点的核心价值观，是社会主义核心价值观的职业体现和生动实践。

科学检验精神的形成与探索大体经历了以下三个阶段。

第一阶段　总结提出

从2008年开始，在中检院前身原中国药品生物制品检定所的带领和推动下，全国药品检验系统对检验理念和发展思路展开了深入思考和讨论。2010年10月组织发起了科学检验理念研究的征文活动。2011年中期，中检院在前期征文的基础上组织系统内外专家对科学检验精神进行了集中研究，基本确定了科学检验精神的表述及其内涵。2011年12月，在"2012年全国食品药品医疗器械检验工作电视电话会议"上，正式提出了《确立科学检验精神，引领食品药品检验事业科学发展》的要求，并在2012年第六期《求是》杂志上发表了署名文章。

第二阶段　科学研究

2012年7月，中检院《学科带头人培养基金》予以立项，最终确定了29个子课题。而后动员全国食品药品检验系统对科学检验精神开展了进一步的研究探索。系统内外共有53个单位，300多人次参加了研究。课题于2014年初全部通过验收。期间，我应邀在检验及食品药品监管系统相关单位多次作了《科学检验精神要点解析》的报告，结合实际对科学检验精神作了深入浅出的解读和阐释，用以推动对科学检验精神的进一步理解和践行。

第三阶段　著书立说

为了梳理和总结相关研究成果，推动科学检验精神的不断丰富与完善，2014年年初开始，中检院组织全国系统相关单位编写《科学检验精神丛书》（简称《丛书》）。《丛书》分《为民篇》《求是篇》《严谨篇》《创新篇》4个分册。并采取申报和竞争择优的方式，确定深圳市药品检验所、天津市药品检验所、江西省药品检验检测研究院和广东省医疗器械质量监督检验所四个单位为分册主编单位。并有青海省食品药品检验所、总后卫生部药品仪器检验所和中共青海省委党校、江西省卫生和计划生育委员会等25个单位52人共同参与了编写工作。

科学检验精神来源于实践，引领实践，并在实践中接受检验。它的活力和生命力就在于在检验检测的实践中不断完善、丰富与发展。虽然全国食品药品检验系统，尤其是主持和参与《丛书》编写同仁们为此付出了艰辛而创造性的劳动与努力，做出了历史性的贡献。但科学检验精神的探索和实践"永远在路上"。由于水平有限，《丛书》阐述的内容会有不当和疏漏之处，有待修订再版时补充完善。诚恳地希望《丛书》的出版，能够为我国食品药品检验领域理念和实践创新提供有价值的思路；能够为我国食品药品检验事业可持续发展提供思想动力、精神力量和智力支持；能够用科学检验精神进一步凝聚"中国药检"的品牌力量；能够为"中国药检"理念走向世界奠定基础、创造条件。为保障公众饮食用药安全乃至全人类的健康事业做出新的更大的贡献！

李云龙

2014年12月

目 录

1

第 一 章

科学检验中的"求是"

昔言求是,实启而求真。在人类社会的发展与进步中,也孕育和积淀了不断探索、追求真理的丰富土壤,求是精神根植于食品药品检验的各个领域,承载着食品药品检验工作者对真理的执着、对人民的忠诚,推动着我国食品药品检验事业不断谱写新的篇章。

科学检验精神是引领我国食品药品检验事业发展与进步的先进理念。求是是科学检验精神本质，源远流长、博大精深，具有深刻的历史传承、丰富的内涵及鲜明的时代特征。检验事业的发展如何才能满足日益复杂、多样化的食品药品监管要求和社会公众健康需求？如何化解检验技术未来发展面临的机遇与挑战？坚持检验求是就是不可或缺的选择。

第一节　求是的哲学依据

小贴士

"求是"一词源于《汉书》中"修学好古，实事求是"一词，明代浙江大哲学家王守仁也有"君子之学，唯求其是"之语。

求是，古今中外的哲学家们对此进行过深刻的论述。这个古老的哲学命题，有着深厚的哲学基础，循古至今印证着求是并不是现实世界之外的遐想，而是客观存在。

1. 求是的哲学基础

人类社会不断地由必然王国走向自由王国的进程，即是认识世界和改造世界的无限发展过程，认识世界与改造世界的过程，亦即探求真理，不断求是的过程。哲学家们在追求真理、探索真相时候都必先遵循"求是"的原则。

中国传统哲学一直对求是精神进行辨析，在古时就将"求是"作为一个命题来研究。东汉时期王充说："万物生天地之间，皆一实也"。《释名·释姿容》说："视，是也，察是非也。"

这种把求是只作为探讨哲学的一种手段而不是目的来进行研究的早期哲学观点，为求是精神的完整诞生，并上升为一种普遍精神存在，奠定了人文基础。

随着人类文明的不断进步与发展，求是的广度与深度也发生了深刻的变化。求是蕴含了近代西方哲学的真谛，与马克思、恩格斯所创立的辩证唯物主义、历史唯物主义体系中的基本观点一脉相承。

求是，集中体现了辩证唯物主义的唯物论观点。求是，是在尊重客观存在的基础上，探求事物的发展变化规律。而马克思主义哲学，首先就是承认客观的存在，承认世界的统一性、物质性；在此基础上，尊重世界物质性的客观规律，减少盲目性，避免唯意志论。

求是，与唯物主义辩证的认识论具有一致性。"求"就是去研究、探索，通过科学研究和各种实践活动，获得"是"，获得真理性的认识，然后又反过来指导实践，这体现了马克思主义认识论的根本方法。

求是，符合唯物主义反映论的基本观点。马克思主义哲学指出，认识是主体在实践活动中对客体的能动反应，是一个辩证运动的过程，充分体现主观与客观、理论与实践的统一。求是，就是从实际出发，对认识的对象进行由表及里，由浅入深，由现象到本质的认识过程。就是"认识世界"和"改造世界"的统一、"知"与"行"的统一。

2. 求是的含义

从哲学的观点来看，求是包括两个密不可分的部分：一是"求"，即研究构成实践、认识、再实践、再认识的认识规律，更指追求真理的科学态度、科学精神。二是"是"，即事物的内部联系，即规律性，是指自然、社会和人本身活动的奥秘、规律坚持唯物辩证法。

求是作为一种思维方式，也是一个实践过程。求解客观事物的本来面貌是什么，求解客观事物的合理关系应该是什么，求解客观事物的发展前途可能是什么。这是一个非常艰难的知行过程，需要绝对的严谨和诚挚。

求是，从其自身属性上来讲，更强调的是追求真理的科学态度，是指根据实际情况探索事物发展变化的规律，依据客观实际，寻找各种情况和现象之间的内在联系。它以认识、利用乃至驾驭规律为目的，它与唯心主义的主观臆断和宿命论相对立，与形而上学方法相对立。

3. 坚持求是的必要性

人类实践的最终目标是要超越令人不满的现状，实现更有利于人类生存发展的环境。不进行求是，不掌握其中的规律性，实际上便不能理解我们的现状，更不懂为何以及如何向新的状态转变。

践行求是，知行合一 凡事预则立，不预则废。求是作为认识真理探索客观规律的基本途径，要求我们认识与行动相统一，不断提高认识和驾驭客观规律的能力，才能真正做到求实求真。

勤于求是，把握自身 一个人是否有正确的观念和思维方式，将决定工作结果的好坏和事业的成败。针对自己的本职工作，我们应该深刻理解自己需要掌握好哪方面的知识与技能，才能在本职工作中做到游刃有余，具备协调解决复杂问题的本领。要有强烈的求知、求是欲望，并且做到学有专长。如果放弃对新知识的学习、新技能的掌握、新问题的研究，你即使是个"老兵"也有可能落伍。

勇于求是，开拓创新 适者生存的自然规律，谁都无法逃避。开拓创新是重要的，也是不易的，必须以真正的实力、顽强的精神为后盾，来不得半点虚假。通过求是，将创新落到实处。我们必须跳出各种思维定势的老框框，充分整合挖掘各方面资源，通过借力形成合力，探索新方法，求得新突破。通过求是的科学精神，我们既要用创新的思维拓展工作思路，又要用创新的观念强化工作措施，还要用创新的方法解决好工作中的现实问题，也只有这样，才能少走弯路，做出成绩。

第二节　检验求是的实质与内涵

实质又称为本质，是指某一对象或事物本身所必然固有的，从根本上使该对象成为该对象的特定属性。内涵是一个概念所反映的事物本质属性的总和，也就是概念的内容。

1. 检验求是的实质

对食品药品检验工作来说，求是，是科学检验精神的本质。检验求是，是整个检验过程的核心功能，是履行职责的必然要求，也是确保检验质量安全的基础保障。检

小贴士

> 检验：是为确定某一物质的性质、特征、组成等进行的试验，或根据一定要求和标准检查试验对象品质的优良程度。

验求是的实质是通过科学技术手段还原检验样品表达的各种信息，对检验样品与其安全性（safety）、有效性（efficacy）、质量可控性（quality controllable）之间内在联系进行的探索。是通过独立、严谨的科学实验对检验样品的真实质量情况进行检验研究，是一个对产品的求真过程，目的是获得具有科学性的、权威性的检测数据，为构建"全过程零风险"的科学监管体系提供技术支撑。

求是，是职业特征的集中体现　在机构性质上，各级食品药品检验机构目前均为政府设立的事业单位或参公管理单位，工作服从行政监管

的需要。但市场经济的自由、公平、竞争原则，又要求食品药品检验机构在监管部门和监管对象之间必须不偏不倚，保持公正、独立的立场，忠于科学精神，以客观的自身的检验数据服务政府，市场和公众。因此，在构建"服务型"政府的背景下，食品药品检验机构必须以求是的精神发挥"技术服务"特色，适应市场经济和科学监管的需要。回顾食品药品检验事业的发展历史可以清楚地看到，什么时候坚持求是，我们就能够形成符合客观实际、体现发展规律的技术路线和科学决策；反之，离开了求是，食品药品质量安全就失去了保障。

链接：以"梅花K"事件为例。2001年8月，原湖南省药品监督管理局（现湖南省食品药品监督管理局）接到报告：该市多人服用"梅花K"黄柏胶囊中毒住院。与此同时，南京等地也陆续发现梅花K黄柏胶囊的中毒者。经检验所检测表明：该产品添加了过期的四环素，其含有的四环素降解物（差向四环素和脱水差向四环素）的毒性分别是四环素的70倍和250倍，"梅花K"被定性为假药。这实际上仅暴露出制药企业制假售假的冰山一角。

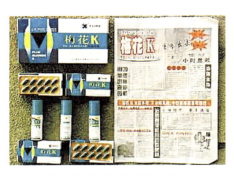

"梅花K"黄柏胶囊及其违法广告

求是，是食品药品安全的技术屏障 纵观国际药品发展大势，重视质量安全已成为世界各国必须遵循的一条通律。随着经济社会发展速度加快，各类新药上市速度也越来越快，造假、制假手段也越来越高明，假药的隐蔽性也越来越强，可谓防不胜防。同时，百姓对用药安全的期望也越来越高，一旦出现问题，媒体报道铺天盖地，给监管部门造成了巨大压力。这就要求我们必须树立求是精神，提高检验能力和水平，实现技术监督的全覆盖，高效率，要检得出，检得准，检得快，检得好。

食品药品安全事件是市场经济的产物，各国在一定的发展时期，都不可避免地存在着这一隐患。仅从1922年至1979年，国外报道的重大食品药品安全事件就有20起左右。

- 1890年—1950年，甘汞与汞中毒事件
- 1900年—1949年，蛋白银与银质沉淀症
- 1922年—1934年，氨基比林与白细胞减少症
- 30年代初，二硝基苯酚与白内障
- 1937年，磺胺酏与肾功能衰竭

- 1939年—1950年，孕激素与女婴外生殖器男性化
- 1942年，黄热病疫苗与病毒性肝炎
- 1930年—1960年，醋酸铊中毒事件
- 1953年，非那西汀与严重肾伤害
- 1954年，二碘二乙基锡与中毒性脑炎综合征
- 20世纪50年代后期，三苯乙醇与白内障

- 20世纪50年代后期，氯碘羟喹与SMON病
- 1966年—1972年，乙烯雌酚与少女阴道癌
- 20世纪60年代，沙利度胺与海豹肢畸形
- 1960年，异丙肾气雾剂与严重心律失常事件
- 1967年，氨苯噁唑啉与肺动脉高压
- 1968年—1979年，心得安与眼-皮肤-黏膜综合征

20世纪，国内外报道的重大食品药品安全事件，累计死亡万余人。伤残数万人。

链接：1937年，美国一家公司的主任药师瓦特金斯（Harold Wotkins）为使小儿服用方便，用二甘醇代替酒精做溶媒，配制色、香、味俱全的口服液体制剂，称为磺胺酏剂，未做动物实验，在美国田纳西州的马森吉尔药厂投产后，全部进入市场，用于治疗感染性疾病。当时的美国法律是许可新药未经临床实验便进入市场的。到这一年的9~10月间，美国南方一些地方开始发现患肾功能衰竭的病人大量增加，共发现358名病人，死亡107人（其中大多数为儿童），成为20世纪影响最大的药品安全事件之一。1937年的"磺胺酞剂事件"促使美国国会通过《食品、药品和化妆品法》（Food，Drugs，and Cosmetic Act，简称FDCA，1938），对西方药学产生了重大影响。

2. 检验求是的内涵

全面辩证地看问题，是唯物辩证法的第一要求，也是检验求是的基本要求。本质是事物的固有属性，内涵则是反映这一属性的总和。检验求是作为科学检验精神的本质，有着丰富的内涵。对检验求是的内涵进行探讨研究，也是从本质上回答"怎样检验"这个重要问题的必要途径。

制度求真

实现检验求是的前提是检验制度的求是。检验制度体系必须适时进行完善调整，优化出科学合理的制度，保障检验的可控、有效，以确保检验求是的实现。每一项制度的制定，都是为了保障检验过程顺利进行，对食品药品检验机构来说，制度的精髓在于建立健全专业、独立、公正的制度体系，规范各项检验程序，指导和约束食品药品检验工作者在检验环节中的行为。

严格执行《质量手册》和《程序文件》 实验室应建立、实施和维持与其活动范围相适应的质量体系，并将其政策、制度、计划、程序和指导书制订成文件，并达到确保实验室检验和校准结果。《质量手册》和《程序文件》的严格执行，将对我们在日常的食品药品检验工作的规范化、科学化、标准化管理起到必然的规范作用，特别对新增检验领域管理更应遵照执行，为保障广大公众健康事业及饮食用药安全更好地发挥技术支撑，技术保障和技术服务作用。

积极开展实验室能力验证 药品、食品、保健食品、化妆品、医疗器械等质量监控往往依赖权威实验室的检验数据，那么如何监控这些实验室呢？如何保证这些实验室检验数据的准确可靠？实施能力验证计划就是一种直接有效、指标明确的评价手段。实验室能力验证是指由权威机构按规定程序，利用实验室间比对来对检验机构的能力进行考核和评价的活动。能够参加能力验证计划并获得满意结果是对实验室能力的一种证明。

科学规范检验流程　检验工作非常复杂，需要很多部门共同参与。必须明确每一流程相应的职责，围绕检验工作建立起来的检验管理制度要贯穿整个检验流程，客观、科学地对实验设施、运转状态、检验方案、检验操作、原始数据和检验报告书是否符合规范进行监督，以尽可能避免或降低实验过程中的误差，提高检验工作的质量。

链接：常规的药品检验流程：主要包括样品受理、样品检验、检验结果审核及评估、报告书签发、报告书发放及存档等五个环节。

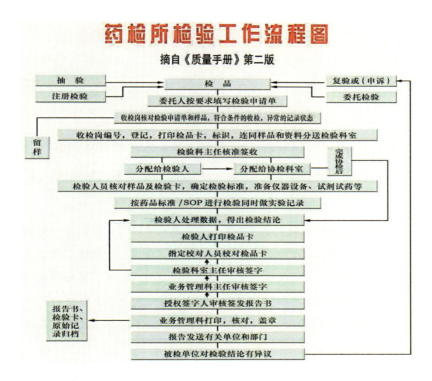

制定检验时限管理机制 常规检验具有检验时限确定的特点，注册检验、监督检验、强制检验、委托检验、进口检验和复验只要符合现行法律法规所要求的时限即可。而应急检验不同，由于检验目的与检验项目不确定，对检验的程序与要求也不同于常规检验，往往更强调时效性和准确可靠性。

链接：广东省药品检验所在香丹注射液应急检验中，得知有13名患者出现不同程度的发热、寒战，比例高达87%，立即启动应急检验三级响应预案。从患者的症状切入，迅速进行热原、溶血与凝聚项目检验，设计了8只家兔（应急"3+5"）同时分组试验的思路，仅用27个小时就出具了该批次香丹注射液热原项目不符合标准规定的检验报告，进而启动在全国范围内查封不合格药品的行动，防止了不合格药品危害进一步扩大，及时保证了患者用药安全。

加强内部检验管理制度建设 强化制度执行力，确保食品药品检验报告质量。从人、机、料、法、环、测、抽、样、数等各个方面组织编制统一的管理文件和技术规范，使食品药品检验在整个过程中得到可控、安全、有效。要建立健全确保检验质量、安全和高效的运行机制，建立并不断完善以责任为核心、以责任追究为重点的检验流程，真正做

小贴士

药品检验所实验室管理制度：主要包括实验室工作制度、实验室安全制度、检品的收检、检验、留样制度、新药、仿制药品药学审核制度、科研工作管理制度、中药标本管理与使用制度、菌毒种及细胞系保管制度、药品标准物质管理制度、计量管理制度、精密仪器管理制度、保密制度、差错事故管理制度、技术人员培训进修制度、计算机管理制度。

到检验环节、风险点、检验工作者责任和综合服务措施保障等4个明确，从机制上确保了检验结果的准确性、真实性、公正性。

实验室仪器设备科学配置　实验室检验设备是检验工作的基础和载体，随着食品药品检验质量要求的提高和科学研究水平的不断发展，大型精密仪器设备在检验和科研工作中已越来越显现其重要性。必须做好仪器设备的检定、期间核查与维护保养，确保仪器性能完好，出具报告结果准确可靠。

链接：改革开放30年来，全国食品药品检验机构的仪器装备状况发生了量的积累和质的飞跃。改革开放之初，一些省级药品检验所的"大型精密仪器"其实不过是几台紫外分光光度计，设备总值不足几万元。如今，中国食品药品检定研究院（以下简称"中检院"）和很多省级药品检验所都装备了超高效液相色谱仪、气质联用仪、液质联用仪、X射线衍射仪、电感耦合等离子体质谱仪（ICP-MS）等先进的仪器设备。在一些常规分析仪器方面，一些实验室基本上与国际接轨。

加快实验室信息化建设　实验室科学化管理要以信息化建设为手段，提升高效运行、科学管理的水平。充分发挥信息技术在业务管理和运行中的主导作用，为确保检验过程及结果的准确可靠等提供技术保

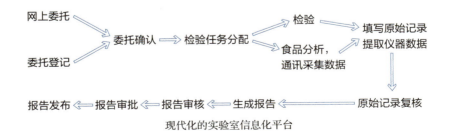

现代化的实验室信息化平台

障，为打造智能化食品药品检验奠定基础。

▎技术求真

要做到食品药品监管的节点前移，事前监管与事后监管相结合，突出预防性监管理念，就必须遵循"检验依托科研，科研提升检验"这一基本原则。打铁必须自身硬，要履行好食品药品技术监督检验的法定职能，实现检验求是，必须不断提升检验机构自身技术水平，为实现科学监管提供技术与学术的保障。

统一标准质量和管理　开展质量标准提高等有关方面的科研工作，从另一个层次来说，也是检验求是的技术体现。检验标准为检验工作提供技术依据，是检验工作得以立足的技术基石。在现行检验标准中发现科研工作的切入点，通过科研完善、提高食品药品质量标准。药品检验是以已知的成分作为检验指标，包括含量测定、有关物质检查、重金属检验等。而假药、劣药通过添加化学药物、以质劣廉价药效成分替代优质高价的药效成分，投机取巧钻国家药品标准的漏洞制造假劣药品来获取暴利。这就需要我们创新检验方法与检验技术，探寻更加合理的检验方法。对质量标准进行研究，一方面提升科研创新能力，另一方面提高质量标准，更准确地判断假药和劣药，保证人民群众用药安全有效。

✐ **链接：**国家药品质量标准是国家对药品质量、规格及检验方法所形成的技术规定，是药品生产、供应、使用、检验和管理部门共同遵循的法定依据。随着科技的进步与发展，药品质量控制与检验技术也在不断进步与发展。保障公众用药安全有效，应积极应用现代药品质量控制与检验技术，因此国家食品药品监督管理局提出了"提高药品标准行动计划"，并在国家药典委员会的具体组织下全面开展。

提高检验能力和水平　检验技术的飞速发展、完善和应用，为检验工作提供了高效、准确的分析技术。检验工作需要顺应技术发展的规律，紧跟检验技术更新的步伐，不断总结、研究各种新分析技术的应用，提高检验结果的准确性、可靠性和可追溯性。

提高检验工作者的学术水平　人才是检验发展的第一资源，在提高检验技术的同时，需要提高食品药品检验工作者的学术能力和水平，从而灵活掌握和应用新的检验技术。食品药品检验工作者应该及时跟踪技术的动态和发展趋势，学习和掌握检验手段的新方法、新发展、新应用，提高理解、吸收、应用先进技术、方法的能力，从而更好地应对外部监管环境的发展对检验人才队伍建设的要求，真正实现检验技术素质的求真。

过程求真

检品抽样过程的求真　所抽取样品必须具有代表性，能可靠反映产品的质量。如果抽检是随意采样，没有考虑到取样的科学性、真实性和代表性，其检验结果毫无意义。

提高全员的执行力　用制度管人、按制度办事、促进制度落实。人不是机器，工作也不是程序，检验当中自然会出现各种各样意想不到的情况。那么，如何保证检验不出现偏差？如何保证检验过程当中各个环节的准确、畅通？遵循规章制度、规范操作是检验过程求真的基础。

强化实验室全面管理　检验工作严格按照相关制度及准则认真进行每一步操作，从抽样、收样、留样管理，称量、仪器分析的实验过程，到数据的整理、统计、分析和判断，得出最终结论，每一项活动加以标准化、规范化。食品、药品及医疗器械的检验工作人员必须保证检验过程的合法性，坚持过程求真，保持判断的独立性和诚实性，才能实现检验的求是。

结果求真

对报告结果的要求是准确、科学，在行政诉讼中经得起复验；求是要求药品食品药品检验工作者根据药品标准规定及法律职权范围，采用科学合理的实验方法评价药品质量，不受外界因素干扰，独立公正的出具检验结果报告。

坚持独立性检验原则　结果求真，科学数据神圣不可侵犯。抵制外界势力干扰，增强法制观念，保持检验工作的独立性和权威性。公正执检，以公平公正取信于民，不断巩固和提升中国食品药品检验机构在国内外的公信力。

坚持检验结果准确、无误、可追溯　求是要求我们必须本着依据标准科学、程序规范、方法合理和结果准确等四项要素来开展检验工作。承担药品医疗器械及食品化妆品检验的实验室，在工作过程中，从受检样品出发，依据高科技手段取得的数据，经过整理、统计、分析和判断，得出最终结论，这就是检验求是的过程。由于检验数据来源于实验，因此必须确保检验过程，数据和结果真实、准确、可靠、可验证和可塑性。

坚持用数据说话的原则　检验报告书是对食品、药品和医疗器械产品质量做出的技术鉴定，是整个检验过程的结果表述，是食品药品检验工作者的最终产品和检验工作质量的最终体现，所以必须保证检验报告书依据准确，数据无误，结论明确，文字简洁，书写清晰，格式规范。检验结论应当准确、科学、公正地反映检品的质量情况，严格遵守"用数据说话"的原则，每一检验项目的数据都是实事求是的结果。

链接：以中检院为例，2013 年度完成了1.53 万份报告，较2012 年同比增加4.55%。

强化责任追究　责任追究，应当坚持实事求是、客观公正，分级负责，有责必问、有错必纠和教育与惩处相结合、处分与责任相适应等原则。检验责任追究制度实行首长问责制。技术中心的工作人员出现检验事故时，应当追究实验室责任人甚至技术中心领导的责任具体检验工作人员应当追究过错责任。如过错行为系经审核、批准做出的，具体工作人员、审核人、批准人均为过错责任人，分别承担相应的责任。

第三节　检验求是的理念、特征、原则

理念是人们经过长期的理性思考及实践所形成的思想观念、理想追求的抽象概括，其最佳状态是"理念转化为实践，实践转化为智慧，智慧转化为质量"。

1. 检验求是的理念

检验工作者要在检验中求是，首先要在思想上树立科学检验理念，并在检验实践中将其内化为具体行为。检验求是，必须做到不唯书、不唯上、不唯私，只唯真、只唯实、只唯公。由于社会的高度关注，加之食品药品安全事件频发，本着科学的求是理念进行检验，才能在背负重压的同时，保持其前进的动力和冷静的头脑。

增强法制思维　职业道德建设是食品药品检验工作永恒的主题。市场经济对职业道德建设具有双重性，它既可以使人们转变观念、释放潜能，也可以使人们私欲膨胀，以权谋私。食品药品检验机构中少数工作

人员对市场经济体制的片面、模糊认识以及受拜金主义等腐朽文化思想的影响，违反职业道德，出现了利用自己手中的检验权力进行权钱交易、弄虚作假等违法违纪现象。因此，增强食品药品检验工作者质量意识，责任感和使命感意识以及法律法规意识，严格执行国家的法律、法规和行业标准、规范，自觉抵制不正之风，按章办事，使"不做假试验，不出假报告"这一最基本要求成为食品药品检验工作者的自觉行动。

食品药品检验工作者
进行检验工作

坚持科学准确　检验工作涉及的标准规范多，是一项样品复杂多样、技术含量高、责任大、政策性强的工作，检验结果的准确性是依靠高水平的食品药品检验工作者来保障，但绝不是由食品药品检验工作者主观判断，而是通过规范化的检验，用仪器来表达，用数据来说话。在质量管理体系的保证下，食品药品检验工作者秉承科学理念，通过标准化、规范化和科学化的检验工作，形成具有科学性、权威性的检验数据，实现对检验样品的求真、求是，还原样品的真实信息。

坚持独立公正　当科学知识主导决策时，政治、经济等其他因素就退居次席了。食品药品检验机构许多职责的履行需要依靠政府监管部门的强制力量，服务价值的体现取决于政府监督的需求，在这种情况下，贯彻实施科学检验理念就需要我们大力倡导独立精神，使检验活动超然于监管部门、企业和市场。食品药品检验机构的独立公正理念，可确保检验活动不受任何来自内部或外部、商业或其他方面的影响，保证检验结果的公正性、独立性和诚信度。独立性是检验求是的根本，客观公正是检验求是的必然要求，它要求食品药品检验工作者不畏惧任何压力和威胁，不为名累、不为利诱，不徇私情，不偏不倚，依法独立公正地履行职责、行使检验权力。

坚持持续发展　不唯书，不为旧，发现问题与风险的理念坚守。检验求是，以一种总揽全局、辩证对待检验工作的精神，需要我们时刻保持怀疑精神。食品药品检验工作者应有科学的怀疑精神，学会思考和判断，善于运用质疑的检验方法，纠正不符合实际检验工作的错误。同

药检所公正性声明

济南市药品检验所是依照《中华人民共和国药品管理法》设置的药品检验机构，具有独立法人资格。为保证本所检验质量的公正性、科学性和权威性，我以济南市药品检验所所长的名义，特作如下声明并接受社会各界的监督。

1、严格遵守执行国家、地方的法律、法规和国家食品药品监督管理局对药品检验机构的各项规定。

2、遵循《检测和校准实验室能力认可准则》（ISO/IEC17025：2005）及《实验室资质认定评审准则》（国认实函[2006]141号）等法律、法规的的各项要求，建立并运行完善的质量体系，严格按照国内、外药典的现行版和国家标准的有效版本以及药品检验标准操作规范检验，提供（出具）科学、准确、可靠的数据，满足广大客户的要求。

3、坚持检验工作无歧视原则，对所有服务客户一视同仁。

4、保证本所不受任何对检验工作质量有不良影响的、来自内、外部的不正当商业、财务、行政等方面的压力、干扰和影响，确保检验结果的公正性和客观性。

5、维护委托方的合法权益，对委托方的技术资料、数据以及其他机密和所有权予以保护，绝不利用委托方的技术资料从事自身的技术开发和技术服务。

6、本所工作人员不得从事任何影响本所公正性，损坏本所判断独立性和检验诚信度的活动。不准参与任何有损本所公正形象的活动。

济南市药品检验所所长：

郑重承诺，维护食品药品检验公正性

时，我们的思想和发展着眼点也要不断更新，食品药品检验机构应突破现有检验的模式，关注社会热点，需要进行前瞻性研究。做到检验与科研并行，使科研服务于检验，唯有这样，食品药品检验机构才能从容面对食品药品安全突发事件。

▶ **案例**：亮菌甲素注射液一般用于急性胆囊炎、慢性胆囊炎发作、其他胆道疾病并发急性感染及慢性浅表性胃炎、慢性浅表性萎缩性胃炎等疾病。2006年4月，广州某医院连续发生病人使用齐齐哈尔第二制药有限公司（以下简称齐二药）生产的"亮菌甲素注射液"后，出现急性肾功能衰竭症状的不良反应事件。原广东省药品检验所的检验结果显示：按国家药品标准检验，该可疑产品符合规定。但在与云南大理药业有限公司生产的亮菌甲素注射液作对比的实验中，齐二药生产的亮菌甲素注射液的紫外光谱在235nm处多出一个吸收峰；在急性毒性预实验中，齐二药生产的亮菌甲素注射液毒性明显高于大理药业生产的产品。带着"求是"的疑问，他们进行了大量高标准的实验，应用多种研究方法、分析技术和仪器设备，确证齐二药的亮菌甲素注射液含有高达30%的二甘醇。二甘醇在体内会被氧化成草酸而引起肾损害，导致病人肾功能急性衰竭。

2. 检验求是的特征

要切实做到食品药品的科学监管，要求食品药品检验机构的努力方向应当是"专业"、"独立"、"透明"。概括而论，现阶段，检验求是有着的鲜明特征为：求实性、实践性、实效性。

求实性　检验求是的求实性特征，就是坚持辩证的唯物主义实事求是的原则。实事是求是的基础，求是要一切从实际出发。检验求是以科学理论为依据，以一定时期内由检验实践验证的事实和规律为基础，实质上也是以客观事实为依据，以客观规律性为依据。

对检验求是的求实性特征的理解应当是辩证的。检验所依据的事实、理论或规律并不是全面的、彻底的，也有一定的局限性，况且这些事实、理论或规律都是变化、发展的，并非一成不变。随着实践的不断深化发展，新的认识、新的发现、新的技术还会对已有事实和理论进行新的审查，因此检验求是的求实性并不是僵化的、呆板的，既要尊重事实，又要与时俱进，既要接受已有理论的指导，又要敢于突破传统观念束缚，采取辩证的分析态度。

实践性 一切称之为科学的理论，都必须建立在事实的基础之上，并且要接受实践严格的、反复的、长期的检验，看它是否合乎实际。在主动意义上，食品药品检验机构在各个不同的历史时期，特别是改革开放30多年来，始终不渝地忠实履行着为食品药品安全把关的神圣职责。各级检验机构利用人才和技术优势，充分发挥监管的技术支撑、技术保证和技术服务作用，不断为提高我国食品药品监管水平、公众饮食用药安全保障水平和食品医药产业发展水平付出了辛勤努力，做出了应有贡献。这些实践活动，正是一代代食品药品检验工作者践行检验求是理念的典型体现和生动实践。检验求是源于实践、指导实

一代代食品药品检验工作者薪火相传，检验求是

践，在实践中不断完善和发展，食品药品检验机构队伍面对突发事件，嗅觉更加敏锐，应急反应能力得到锻炼。

实效性 安全问题源于风险。政府对食品药品的监管是面向大众的，是在信息不完全对称的情况下对药品安全的预测。当代检验技术的发展已经出现了很多新的特点，检验活动规模巨大。检验技术发展的社会实践趋势要求构建适应当前需要的科学检验理念，也对相关科学检验研究提出了许多重要课题。"为谁检验，如何检验"是科学检验必须直面的根本定位问题，也就赋予了检验求是的实效性特征。检验工作必须具有实施的可行性，实施结果具有明确目的性。而检验求是的实效性就是指食品药品检验机构按照既定的规程、制度、标准的要求，对检品开展检验活动，其活动的结果要能够对检品的真实情况做出明确判断。

3. 检验求是的原则

原则，是说话、行事所依据的准则，是一定现象的出发点。因此，作为一种严密论证的求真求实活动，食品药品检验机构要树立检验权威，必须做到遵守"三公原则"：公开性原则、公平性原则和公正性原则。检验数据的权威性是食品药品检验机构追求的目标和公信力所在，而检验的权威性实质上是对食品药品检验工作者和检验结果的信任感和尊重程度。

公开是基础 公开性原则是"三公"原则的基础，是"公平、公正"原则实现的保障。没有"公开"性原则的保障，"公平、公正"便失去衡量的客观标准，也失去了得以维持的坚实后盾。食品药品检验工作与百姓的日常生活紧密关联，是政府的监管与服务活动，社会也需要检验评价结果的反馈，因而呈现为政府、市场、社会三方的相互关联。检验求是的公开性原则要求我们在检验活动中，始终不搞暗箱操作，充分维护客户的合法权益。信息公开是监管公信度的基础。信息公开包括形式公开和实质公开。形式公开包括依据、程序、流程、结果等的公开；实质公开主要指对判定结果进行充分的说理说明，即"用检验数据说话"。

公平是标准 公平是指按照一定的社会标准（法律、道德、政策等）、正当的秩序合理地待人处事，是制度、系统、重要活动的重要道德品质。从抽象的层面讲，科学的理论成果是客观的、中立的，但在实际中，对科学或者技术的运用却有着不同的利益选择，既可以服务大众，也可用来为小众谋利，这是科学检验中存在的"利益选择"或"利益导向"的重要原因。强调检验求是的公平性，要求检验活动是在对照经验、数据、检验标准等一系列指标而严格实施的，不是看它是否符合某项决定、某个约定、某些人的意愿和利益。

公正是要求 公正是依法检验的基本要求。公正，即"公平对待"、"相应平等"，一切相等的情况必须平等对待。独立是检验公正性的根本保证，检验工作站在公正的立场，不受任何行政部门和关系的影响，独立开展检验服务。抵制一切背离质量方针的行政干预和压力。无论面对客户的大小，委托检验的样品价值和技术含量的高低，以及从检验服务中获得的利益多少、承担的风险的大小，都始终坚持独立公正的服务原则。检验的公正性就是实验室的全体人员都能严格履行自己的职责，认真按照检验工作程序和有关法律法规行事。

第四节 检验求是的目标要求

经济社会发展到今天，如何获得更为安全有效的药品和安全的食品，是人民的诉求。食品药品检验机构必将适时调整自身职能，积极面对检验求是新的目标要求。

1. 有求是的能力

真正具备科学精神的人，往往是那些掌握和很好地运用科学方法、科学思维的人。对食品药品检验工作者来说，首先要有宽阔的知识面和合理的知识结构。检验工作者要保持充沛、旺盛的好奇心进行广泛的猎取，全方位对知识进行涉猎，特别是检验相关领域的前沿技术、知识。不断加强学习是提高人才自身素质的必然要求，如果停止在原有的水平上，难以胜任新形势、新情况下检验岗位的职责要求，因此"博学"是做好检验工作的基础，是适应当今复合型人才需要的必经之路。

2. 有科学的态度

本着依据标准科学、程序规范、方法合理和结果准确等四项要素来开展检验工作，是对食品药品检验工作者的基本要求。在工作过程中，从受检样品出发，到取得数据，经过整理、统计、分析和判断，得出最终结论，必须确保检验过程、数据和结果真实、准确、可靠、可验证和可溯源。摒弃单一检验的传统思维模式和工作方式，在有条件的院（所），试行药物及医疗器械研发早期技术介入工作，加速研发进程。要拓展质量安全把关

检验工作者鉴别中药材真伪

链条，把产品标准、生产工艺和质量控制等过程考察，样品在实验室检验过程，产品质量安全趋势分析和可能存在的风险预警等产品质量安全过程有机结合起来，实施相关的科学技术研究与评价。

3. 有实现的途径

我国食品药品检验机构，应以中国食品药品检定研究院为龙头，着眼我国食品药品检验事业的科学发展，在求是精神的指导下，步调一致地打造"中国药检"品牌，逐步实现从单纯完成检验任务，向保障质量安全，服务科学监管，促进产业发展转变；从单纯抓技术重业务，向业务和管理"两手抓、两手硬"转变；从固守传统技术方法和习惯，向技术管理创新转变；从常规型检验，向科研提升水平转变；从相对封闭、保守的发展，向全面开放的检验国际化转变，形成视野更加开阔、工作更加务实、发展更加自信的良好局面。

4. 有践行的手段

从日常检验出发，食品药品检验工作者应自觉用求是精神去引领、指导和推动食品药品检验工作，把求是的要求贯穿于、融化于履行法定职责，加强行政和业务管理，强化队伍建设，实施检验国际化战略等各项工作之中。在加强实验室建设和管理，确保检验用仪器设备的技术参数和指标设置合理，确保实验用试剂耗材的安全可靠，确保食品药品检验工作者技术操作规范准确无误的基础上，以重点解决急难险重任务对求是的要求为突破口，认真准确及时地作出技术判断，确保检验报告的准确性。

作为科学检验精神本质的求是，落实在食品药品检验机构人员的具体行动上，就是要始终秉承尊重科学规律，通过科学技术手段准确可靠地评价产品的安全性、有效性和质量可控性。不断求是，玉汝于成，营造更有利于完善检验管理体系与机制，提高检验能力、加强人才、制度、科研和信息化等方面的建设，达到有效整合资源，形成发展合力，推动食品药品检验事业科学发展，为我国食品药品监督管理工作提供强有力技术支撑，达到保证公众饮食用药用械安全的目的。

第 二 章

实验室科学化管理

　　食品药品检验机构要全面提升实验室能力和水平，加强与国际先进实验室的合作，确保检验用仪器设备的技术参数和指标设置合理，确保食品药品检验工作者技术操作规范，检验结果准确无误，这些都需要科学的管理。只有科学化管理，才能确保实验室各项工作协调、优质、高效。

实验室科学化管理是科学检验精神对食品药品检验实验室管理者提出的目标和要求。随着食品药品检验实验室规模的不断发展，实验室管理也面临新的挑战。实验室科学化管理，就是要求实验室管理者用科学的管理理论武装头脑，全面把握实验室管理的任务和内容，从千头万绪的管理工作中抓住"牛鼻子"，不断提高管理的科学化水平，从而使管理工作更好地适应检验求是的需求，真正做到管理出能力，管理出效率，管理出人才。

第一节　实验室科学化管理概述

科学化管理的概念源自美国古典管理学家、被誉为科学管理之父的弗雷德里克·温斯洛·泰勒提出的"科学管理理论"。

1. 科学管理理论的产生和发展

管理理论产生于19世纪末或20世纪初，以美国"科学管理之父"泰勒的《科学管理原理》一书出版为标志。法国工业家亨利·法约尔在同一时期出版了《工业管理与一般管理》。一般认为这两本著作"开创了现代管理理论的先河"。

管理学界习惯于将管理理论分为古典管理理论、行为科学理论和当代管理理论。一般认为，古典管理理论中代表性的内容包括三大块，即以泰勒为首的科学管理、法约尔的一般管理和韦伯的行政管理；行为科学理论则包括四部分，即人际关系学说、个体行为理论、团体行为理论和组织行为理论。当代管理理论一般分为八大学派，即管理过程学派、社会系统学派、决策理论学派、系统管理学派、经验主义学派、权变管理学派、组织行为学派和管理科学（数理）学派。

　　管理理论的很大一块领域是研究如何做事的。现代管理理论诞生以来，研究这个领域的观点主要集中在组织"分层"和职能"分工"等方面。从泰勒、法约尔到孔茨、罗宾斯等都是如此。这种观点为人们理解管理、设计组织和提高工作效率有重大的历史作用。但是，由于市场要求的反应速度越来越快，信息处理和传递技术的迅猛发展，部门边界甚至企业边界的模糊化、虚拟化，以"分"为基本原则的传统组织和分工模式虽然在100多年来经过了不断的改进和完善，但到今天却遇到了前所未有的挑战。尽管提高效率仍然是企业成功的重要条件，但如何保持企业的核心竞争力和持续成长力已经成了管理的最关键课题。

　　以海默和钱皮为代表的企业业务流程重整的研究，融合了以往的理论研究结果和企业实践经验，力图从流程而不是从职能分工上根本改善企业的经营导向和工作目标的重要研究之一。业务流程重整理论强调，企业必须以先进的信息系统和信息技术以及其他先进管理技术为手段，以顾客中长期需求为目标，通过最大限度地减少对产品价值增值无实质作用的环节和过程，建立起科学的组织结构和业务流程，使产品质量和规模发生质的变化，从而提高企业核心竞争力。

　　德鲁克认为，管理的目的，是帮助组织取得成效。科学管理的核心，是使员工能"更聪明地工作，而不更勤奋地工作"。也就是说，不是通过延长劳动时间和增加劳动强度，即多付出体力劳动来增加产出，而是通过在劳动中采用科学方法、技巧和知识等提高效率的手段来增加产出，正所谓"管理出效益"。

　　上述理论从不同角度对100多年来的管理理论进行了开拓性的探讨，使管理学领域出现了很多令人兴奋和发人深省的亮点。

2. 科学管理理论的广泛应用

今天的一些管理理论和实践可以直接追溯到一般管理理论的贡献。例如：从职能的角度考察管理者的工作就是法约尔的贡献。法约尔的14条管理原则充当了一个参考的框架，从该框架出发，许多当今的管理概念（例如管理权威、集中决策、只向一位上司汇报，等等）得以问世。

链接：法约尔的14条管理原则：① 劳动分工，通过分工使员工变得更有效率，专业化能够提高产业。② 职权，管理者必须能够发布命令，而职权授予他们这种权力。③ 纪律，员工必须服从和尊重组织的规章制度。④ 统一指挥，每位员工应该只接受一位上司的命令。⑤ 统一方向，组织应该有且只有一个行动计划来指导管理者和员工。⑥ 个人利益服从整体利益，任何一个员工或一些员工的利益都不应该凌驾于组织的整体利益之上。⑦ 报酬，必须为工人提供的服务支付公平的工资。⑧ 集权，下属参与决策的程度。⑨ 等级链，从最高管理层到最底层序列的权力线。⑩ 秩序，人和物应该在正确的时间位于正确的位置。⑪ 公平，管理者应该公平、友善地对待其下属。⑫ 人员任期的稳定性，管理层应该提供清晰的人事规划，并且确保有替代者填补空缺职位。⑬ 主动性，允许雇员发起和实施计划将会调动他们的极大热情和努力。⑭ 团队精神，促进团队精神将在组织内创造和谐与团结的氛围。

泰勒的科学管理理论，使人们认识到了管理学是一门建立在明确的法规、条文和原则之上的科学，它适用于人类的各种活动，从最简单的个人行为到经过充分组织安排的大公司的业务活动。科学管理不仅仅是将科学化、标准化引入管理，更重要的是提出了实施科学管理的核心问题——心理革命。科学管理的实质是伟大的心理革命。雇主关心低成本，工人关心高工资，本无可厚非，但如果只盯着分配，不重视生产，则只能形成对立关系，这对双方都不利。心理革命就是变互相指责、怀疑与对抗为相互理解、信任与合作。没有工人与管理人员双方在思想上的一次完全的革命，科学管理就不会存在。泰勒和吉尔布雷斯夫妇设计出来的用以提高生产效率的许多指导方针和技巧，时至今日仍然在组织内得以运用。当管理者分析必须完成的基本工作任务时，使用时间和动作研究以消除多余动作时，为某个工作岗位雇用最优秀的员工时，或者设计基于产出的激励体系时，他们就是运用科学管理原理。

链接：在《科学管理原理》一书中，泰勒系统地提出了科学管理的基本思想、基本内容以及科学管理的具体方法。在科学管理的基本思想方面，泰勒提出了专业分工、标准化、最优化等一些管理思想。在科学管理的基本内容方面，泰勒对企业作业管理、组织管理等进行了全面阐述。其中包括对工人的挑选和培训、标准作业条件、明确规定作业量、建立激励性的差别工资报酬制度。 在管理科学的方法方面，泰勒提出了定额管理、差别计件工资制、挑选并合理使用第一流工人以及如何进行标准管理的一系列具体的步骤与方法。泰勒所倡导的科学管理制度被称为"泰勒制"，激起了当时人们研究和发展科学管理方法的热情，许多人成了泰勒的追随者并为科学管理理论的完善与发展作出了卓越的贡献。在漫长的管理理论发展史中，这本书被公认为是一个最重要的里程碑，它标志着一个全新的管理时代的来临，掀起了一场企业管理的变革，使得西方19世纪末20世纪初的早期工厂管理实践向科学管理迈进了一大步。时至今日，泰勒的《科学管理原理》一直被奉为管理人不可不知的经典。

行为方法很大程度上决定了今天的组织是如何被管理的。从管理者设计工作岗位的方式，到管理者与员工共事的方式，再到他们的沟通方式，我们都可以看到行为方法的元素。组织行为学的早期倡导者提出的许多观点及从霍桑研究中得出的结论，为我们今天许多关于激励、领导、群体行为和开发的理论及大量其他行为学方法奠定了基础。

业务流程重整理论使相应的领域产生了一系列新的管理理论方法和运动。比如，ISO9000质量保证体系认证运动，中英文两张证书似乎成了企业的"市场准入证"。类似的还有如生产资源计划、企业全面管理系统等。

3. 食品药品检验实验室的发展

我国食品药品检验实验室的建立和发展是一个渐进的过程。20世纪50年代初，作为各级卫生部门的直属机构，第一批药品检验实验室在全国各地逐步建立。随着改革开放的深入，市场经济的发展，食品药品检验机构经历了1998年、2004年、2009年、2013年四次机构改革。由此，提升实验室科学化管理水平，切实履行技术支撑职能，有效应对市场的激烈竞争，成为食品药品检验实验室加强自身建设的重要课题。

实验室是服务民生的基础载体　食品药品检验实验室利用自身的知识和技术优势，主要承担国家食品药品安全质量检验任务，而随着经济社会和食品药品产业的发展，政府、企业、公众、媒体对食品药品检验实验室检验和技术服务的领域、内容、质量及时限等方面都提出了更高的要求，所承担的检验、科研、技术服务任务也在逐步增加，实验室成为食品药品监管部门服务民生、服务发展的重要载体。

实验室是科学研究的孵化基地　科学技术是第一生产力，发展现代科学、知识创新有两个必要条件：一是人才，二是装备。检验实验室创新人才聚集，肩负着国家检验工作的重任，又有着良好的基础设施、自由的学术氛围和多学科交叉的影响，这些特点使检验实验室成为检验相关新知识、新思想产生的沃土，是检验先进知识生产和传播的重要基地。实践已经表明，检验实验室人员队伍是我国检验科研工作的一支十分重要的力量。

作为政府检验机构，食品药品检验实验室要不断增强自身的硬实力和软实力，积极投身对外交流与合作，不断加强与发达国家实验室之间形式多样的科技合作，增加与发展中国家的科技合作与研发力度，积极参与和主导国际项目和计划，进一步加强检验领域的国际标准制定和修订，彻底摆脱中国在国际科技前沿和国际标准制定过程中的smile、silence、sleep的三"S"代表形

象。加快我国检验实验室科研发展步伐，快速提升检测水平和管理水平，构建与国际接轨的尖端检测技术标准体系，彻底解决我国与发达国家政府机构检测方法与标准协调一致的问题，更广泛地获得国际认可，实现消除分歧，互利共赢的长期目标。

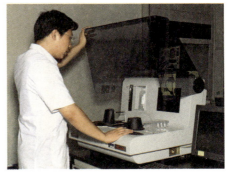

实验室是检验求是的主阵地

检验科研实践过程必须严格按照检验要求和科学规律开展，无论是开展食品药品风险监测、安全

食品药品检验工作者在做实验

评估、技术监督、标准研究还是技术研发，都必须遵行检验客观规律，此外，实验室集中了检验系统主要的技术装备与资源，具有高端的仪器设备，食品药品检验工作者也具备较高的专业技术水平，上述特点决定了实验室运转不仅要遵循科学规律，其本身也是科学性的象征。

4. 实验室科学化管理中的求是体现

实验室科学化管理的内涵与本质 实验室科学化管理是相对传统的经验式管理而提出的一个概念。所谓实验室科学化管理，就是用科学的理论、科学的方法、科学的制度来管理实验室。当前我国推行的实验室资质认定和认证认可，就是当代管理理论研究成果在实验室管理中的实际运用和具体体现。实验室资质认定和认证认可是推进实验室科学化管理的有效手段。资质认定和认证认可强调的是实验室质量管理和控制，这是实验室科学化管理的一个重要内容。

如果说质量管理是以客户满意为目标，那么实验室科学化管理的目标不仅是满足客户需求，而且还包括满足员工的需求、组织发展的需求、社会公益的需求，等等。食品药品检验实验室作为官方检测机构，其机构性质、经费管理、主营业务、人员队伍都具有其特殊性，它的管理不能简单照搬照抄企业管理或行政管理的理论和制度，既需要广泛借鉴相关理论，又需要在自身实践过程深入探索符合实验室实际的管理方法。适应时代发展需要的实验室科学化管理，方能彰显出其更加丰富和宽广的求是内涵。

实验室科学化管理的本质是一个不断探索、发现实验室管理的客观规律的过程，它与在检验研究实践中不断追求真理、探索客观规律一样，都是一个求是的过程。通过优化质量管理的组织、程序、职责、资源，建立了控制实验室运作的质量、行政和技术体系，满足了检验报告书科学、公正的内在要求，使药品检验报告更具公信力。

实验室认可、认证证书

实验室科学化管理是检验求是的客观要求 检验求是要求实验室管理必须始终尊重科学规律和专业技术规律。在科学检验精神的指导下，实验室要确保所出数据的科学、公正、准确，就必须不断提升实验室科学化管理水平。检验求是要求实验室管理必须始终本着依据标准科学、程序规范、方法合理、结果准确等四项要素来开展管理工作，坚持"用数据说话"的原则。由于检验数据来源于实验，因此必须确保检验过程始终尊重科学规律和专业技术规律，崇尚理性，通过科学技术手段保证数据和结果真实、准确、可验证和可溯源。检验求是要求实验室管理必须保证良好的实验条件。要严格按照实验室设置技术规范及条件要求建设实验室。按照国家准入实验室管理规范要求，全面加强实验室管理。要确保检验用仪器设备的技术参数和指标设置合理，确保实验用试剂耗材的质量安全可靠，确保食品药品检验工作者技术操作规范，准确无误。

实验室科学化管理是检验求是的基础保障 体现在三个方面：① 对于检验条件的先行性。实验室要进行食品药品检验，就要有进行检验的手段，需要相应的场所、人员、仪器设备、实验材料。因此，实验室科学化管理要确保检验所需条件和各种要素的准备充分和资源配置科学优化，在检验工作中起着先行作用。② 保证检验技术的先进性。随着科学技术的发展，新产品、新标准、新材料以及新技术日新月异，实验室的管理者需要随时了解这些科技信息，及时把仪器设备的发展动态以及新产品、新技术的应用介绍给检验工作人员，使检验的人员、标准、设备、技术保持知识上的即时更新和技术上的同步发展，才能在食品药品造假作伪现象不断出现，食品药品安全事件层出不穷的形势下保证检验结果的准确性与可靠性。③ 实现对检验过程的保障性。实验室科学化管理应提供检验工作运行所需的系统配合与后台支持：保障检验过程中的耗材的供应，如化学试剂、标准品、易耗器材等，物资工作就要保证实验室得到及时有效的供应；保障实验室仪器设备的完好率，仪器设备在日常使用中难免出现一些故障，实验室管理部门要及时组织技术维修，定期进行调试、维护，以保证实验仪器设备的完好；保障检验工作运行的组织协调，在检验工作中为提高实验室和仪器设备的利用率，需要做好食品药品检验工作者、待检样品以及物资条件等方面的组织管理协调工作。

第二节　实验室科学化管理的基本内容

遵循食品药品检验工作的基本规律，运用现代科学管理理论方法，建立实验室科学化管理体系，有效控制关键因素，进而实现对实验室的科学、高效管理，是实验室科学化管理的基本内容。

1. 实验室科学化管理体系的整体架构

检验实验室科学化管理体系的整体架构，包含实验室的机构规划管理、实验室检验管理、实验室设备管理、实验室经费管理、实验室人员管理、实验室安全与环境管理、实验室文件管理。

实验室的机构规划管理 ① 实验室机构管理，包括实验室的设立、机构职责业务范围的设定、内设机构和岗位设置等。② 实验室规划管理，包括实验室基本建设规划和实验室中长期工作发展规划。

实验室检验管理 ① 检验任务管理，包括检验任务计划、检验任务实施以及完成情况评价与改进三个方面。② 检验质量管理，包括建立实验室管理制度和操作规范，建立以检验效率为核心的检验时限管理机制、以风险管理为核心的预防管理机制、以安全准确可靠为核心的检验设备与耗材质控机制，建立差错可溯源的责任追究机制。

实验室设备管理 ① 检验仪器设备管理，包括仪器设备设计管理、账务管理、统计制度、设备的档案管理、仪器设备采购管理、仪器设备验收管理、仪器设备的使用管理、仪器设备损坏赔偿制度、仪器设备维修管理、报废管理八个方面。② 实验耗材管理，包括财务管理及统计制度、实验材料采购报销管理、对照品管理、化学试剂管理、检品管理、玻璃仪器管理、五金杂品及低值耐用品管理五个方面。

实验室经费管理 ① 设备经费管理，包括制定设备经费管理办法、设备经费预算的申报和审核、经费的使用管理。② 耗材经费管理，包括设备耗材经费管理办法、经费的预算的申报与审查、经费的使用管理。

实验室人员管理 ① 实验室人事管理，包括实验室岗位职责的设置与分工细则、实验室人员基本信息收集管理制度、实验室人员招聘及培训制度。② 实验室激励管理。建立有效的激励机制，充分激发人的主观能动性，使每个人对实验室贡献的价值最大化。

实验室环境和安全管理 ① 实验室环境管理，实验室环境要符合各种不同检验工作项目和技术方法的需要，防止交叉污染和互相干扰，保证实验结果的准确可靠。通过计算机绘制详细的实验用房一览图，可以随时了解实验室位置、实验室调整、实验室面积等数据，并要建立实验室每日环境数据收集系统，按要求控制和记录好部分实验室的温度、湿度、进出人员等，不断优化实验室的环境。② 实验室安全管理，要建立实验室安全与卫生等管理与检查制度并督促严格执行，为实验室配置安全防护器材、急救设备工具及消防器材，并定时检查以确保有效；严禁在实验室拆装改线，实验室人员必须进行安全教育才能上岗，重点加强对化学危险品、毒剧试剂及药品的管理。

实验人员身着安全防护装备在工作

🔗 链接：在实验中，经常使用各种试剂和仪器设备，以及水、电、气，还会经常遇到高温、低温、高压、真空、高电压、高频和带有辐射源的实验条件和仪器，若缺乏必要的安全防护知识，会造成生命和财产的巨大损失，应做好防火、防爆、防灼伤、防辐射、防盗及实验室伤害的预处理方案。

实验室文件管理 ① 文件控制，包括实验室的管理制度、质量手册、程序文件及和记录、检验实验操作指南、实验项目管理、检验实验考核办法，等等。实验室应该建立和保存程序以控制和管理所有文件（包括内部的和外部的）。应该建立并且易得到一份主表以阐明文件的现行版本和分发情况。② 文件变更，实验室应建立文件变更管理系统，以便及时将新的和修订的程序通知相关人员。

2. 影响实验室科学化管理水平的关键因素

影响实验室科学化管理水平的关键因素包括人的因素、设备因素、制度因素、风险因素。

人的因素 人员是实验室一切工作的核心力量，在实验室管理和检验工作中处于主导地位。实验室工作是一项复杂的综合性工作，作为实验室主体的实验室管理人员、技术人员承担着检验工作、科研以及实验室的建设和日常管理等多项任务，他们的思想状况、业务水平、专业技能等都将直接影响实验室的管理水平、检验质量和科研的进展等。因此建立一支满足实验室实际工作需要的，专业学科结构合理、团结协作、品格优秀、勇于创新的管理和食品药品检验工作者队伍是提高实验室科学化管理水平的重要保证。

设备因素 实验室设备是检验单位进行检验工作、科研及为社会提供技术服务的主要工作器材，是检验工作赖以完成的基础载体，它拥有的规模和使用率在一定程度上反映了检验工作的质量水平、科研水平及时效水平等。因此，实验室仪器设备的管理水平对检验工作质量和检验效益有着直接的影响。检验专业设备仪器的更新速度不断加快，对于实验室设备相应的投入也需要不断增加，因此强化实验室设备管理及合理

食品药品检验工作者
在操作仪器、WHO专
家在检查评估仪器设
备管理情况

实施资源共享显得更为重要。

制度因素　检验实验室是分析测定药品质量的工作重地，任何一个
条件和参数达不到要求，都将影响检测结果的准确度和精密度。为此，
建立一套完整的实验室相关制度是提高实验室科学管理的重要途径，主
要包括以下五个方面：① 建立各类实验室工作管理制度，加强对各实验
室的食品药品检验工作管理；② 建立实验室综合管理制度，确立实验人
员共同遵守的规则；③ 建立各类分析仪器操作规程和检校标准，确保仪
器性能完好，出具报告准确可靠；④ 建立实验室工作量化打分标准和绩
效考评办法，对检验工作者财物全面实行量化管理；⑤ 建立各类人员岗
位职责和年度德勤能绩考核办法，全面加强检验技术人员的科学考核。

风险因素　在实验室管理和运行过程当中，任何一个小环节的失误
都有可能造成严重的人员和财产损失，给实验室的发展产生严重的影
响。检验实验室的风险来源于许多不确定因素，是多方面并且相互关联
的，在实验室管理中充分了解各种风险的特点，才能全面、科学地对风
险进行分析，制定相映的对策，任何一种风险若不加防范，其负面效应
会影响整个检验系统工作的正常运行。

链接：实验室风险点：一是为满足监督及服务要求、建设公共技术服务平台和扩大业务的需要，要求实验室开发更多新的检测项目；二是客户对实验室检测的质量、时效和服务等要求越来越高；三是新进人员对体系的理解不深；四是实验室规模扩张，大批大型仪器增加，人员轮岗和聘用人员的流动导致了熟练掌握检测技术的人员稀缺；五是部门和人员的增加，内部的沟通和协调的难度增大；六是随着业务的扩大，不同类型的委托对象和委托项目越来越多；七是利益驱使等均可能出现风险。

第三节　实验室科学化管理的路径选择

科学的管理体系的建立，只是为科学化管理提供了指导原则和工作基础，只有在具体的管理过程中确保管理体系的有效运行，才是实现实验室科学化管理的根本路径。

1. 夯实实验室科学化管理的基础

实验室科学化管理需要以科学的技术方法为手段，以科学的管理理念为引领，以良好的组织文化为依托。

确立以人为本的管理理念　事在人为，任何工作、任何好的思路好的制度好的方法好的设备，归根结底都要依靠人来操作实施。因此实验室科学化管理的第一要务是加强人员管理。实验室的最高管理者要高度重视人员管理，要亲自主导建立并不断检查完善实验室人员管理的整套制度和机制。只有科学的人员管理制度机制，才能保证实验室选人、育人、用人的科学性；只有科学地选人、育人、用人，才能保证实验室人才科学地流动、合理地晋升；只有科学的人员管理制度机制，才能保证实验室人员队伍的生机和活力，才能增强实验室对于人才的吸引力，从而引凤入巢；只有拥有一流的管理人才和技术人才，才能不断提升实验室科学化管理水平和检验求是能力。

采用科学的技术方法 实验室科学化管理离不开信息化技术。采用计算机信息技术可以有效提高实验室管理工作的科学性和效率。随着时代的发展，计算机网络已成为检验实验室不可或缺的基础性工作平台，不论是检验数据的管理，还是人员、经费、仪器设备耗材管理，都离不开信息化技术。即将到来的大数据时代，将对检验实验室信息化技术水平提出更新更高的目标要求。检验实验室要以整合利用现有网络信息资源和不断完善系统管理为重点，加快信息基础设施建设，逐步建成集数据采集、信息应用、管理与服务一体化，系统上下联动、中枢协调、便捷高效、可持续发展的先进的信息网络化体系，充分发挥信息技术在管理，特别是在标准管理、业务管理、流程控制、数据分析和质量控制中的指挥台作用，为确保检验过程及结果的准确可靠等提供技术保障。切实加快实验室信息化系统软件开发与硬件基础建设步伐，积极建设覆盖全系统的网络体系和计算机信息平台，努力开创检验实验室数字化新时代。

构建健康积极的检验文化 文化对内是一种向心力，对外则是一面旗帜，文化建设是事业发展的灵魂，引领事业健康发展和人的全面发展的前进方向。文化建设的根本在于培育一种信仰和精神，营造优良的发展环境和工作环境，从根本上增强员工的归属感。事业的发展与进步，需要先进的思想和文化去牵引。检验文化建设的目的就是要在潜移默化中统一思想、凝聚力量、产生合力，更好地适应和服务于食品药品监管的需要。加强检验文化建设，积极以文化教育人、感染人、鼓舞人，不仅有利于营造团结和谐、心齐气顺的工作氛围，更有利于完善检验管理体系和机制，提高检验能力、加强人才、制度、科研和信息化等方面的建设，从而有效整合资源、形成发展合力。

2. 畅通实验室科学化管理的运行路径

实验室科学化管理需要在一个明确和稳定的框架体系下，才能确保运行顺畅，不偏离轨道，不歪曲走样。具体说，必须有完备的制度体系、科学的资源配置、良好的工作环境、有效的激励机制，才能支持实验室科学化管理的顺利运行。

完备的制度体系 实验室科学化管理的制度体系应具有规范性、可行性和前瞻性。要建立完整的实验室质量管理体系：建立以检验效率为核心的检验时限管理机制，保证检验效率；建立怀疑及纠错管理为核心的改进管理机制，确保及时纠错；建立完善的检验用产品标准质量体系，保证检验结果的准确性和合法性；建立责任可追究的检验流程，保证每个检验环节的可靠性及公正性；建立食品药品检验工作者为第一责任人的责任机制，以确保检验质量。

科学的资源配置 资源的科学配置是实验室科学化管理的一项重要内容，也是实验室科学化管理的物质基础。人力资源是所有资源中最核心的要素。《全国食品药品监管中长期人才发展规划（2011—2020年）》为检验实验室人力资源的科学化配置提供了指导，《食品药品监督管理系统保健食品检验机构装备基本标准（2011—2015年）》、《关于加快推进国家食品药品监督管理局保健食品化妆品重点实验室建设的指导意见》，以及《国家药品安全"十二五"规划》则为检验实验室财力、物力资源的科学化配置提供了指导，每一家食品药品检验机构都应该在这些文件的框架下，结合各自工作的实际，提出在不同时期、不同阶段本实验室的资源配置需求和方案，为实验室的科学化管理奠定基础、畅通路径。

良好的工作环境　开展检验求是，需要一个与之相适应的工作环境。实验室管理者要持续改进实验室的软件和硬件条件，使环境符合工作的需求，与实验室的职能资质能力相匹配，保障检验研究工作一个良好的环境支持。硬件方面涉及必要的实验场地配备、设备的配置、基础设施设备维护与更新、办公条件的改进；软件方面涉及管理体系文件适时的修订改版、人性化管理、组织文化建设等等。

有效的激励机制　在实验室质量管理责任体系建立中，思想教育、业务素质培训固然重要，但考核激励的作用也不可忽视。这是因为，人总是希望通过一定的努力能够达到预期的目标，如果个人主观认为通过自己的努力达到预期目标的概率较高，就会有信心，就可能激发出很强的工作热情，但如果他认为再怎么努力目标都不可能达到，就会失去内在的动力，导致工作消极。但能否达到预期的目标，不仅仅取决于个人的努力，还同时受到职工的能力和上级提供支持的影响。在经过努力取得成绩后，期望获得的奖励既包括提高工资、多发奖金等物质奖励，也包括表扬、自我成就感、同事的信赖、提高个人威望等精神奖励，还包括得到晋升等物质与精神兼而有之的奖励。如果员工认为取得绩效后能够得到合理的奖励，就可能产生工作热情，否则就可能没有积极性。由于人们各方面的差异，他们需要获得奖励的内容和程度都可能不同，对于不同的人，采用同一种奖励能满足需要的程度不同，能激发出来的工作动力也就不同。

食品药品检验机构建立起相应合理的考核制度，从实验室队伍建设、业务管理、信息网络管理、实验设施与仪器设备管理等方面进行量化考核的同时，科学评估员工的需求，找准员工期望值与组织发展目标之间的结合点，建立有效的激励奖罚机制，激发员工的积极性和主动性，是实现个人与组织的双赢的驱动力。

3. 促进实验室科学化管理可持续发展

实验室科学化管理与检验求是一样，是一个过程，而不是一个结果。它追求的是实验室管理工作的不断改进、提高，评价一个实验室管理是否科学的标准是它是不是能够顺应不同时期不同阶段实验室开展检验求是活动的需求。检验求是始终在不断地进步、发展，从检品品种、检验标准、检测项目、参数、方法、仪器设备到数据分析，都在发生着日新月异的变化，实验室科学化管理必须未雨绸缪、主动破立，方能跟上检验求是的步伐。促进实验室科学化管理可持续发展，要建立两个长效机制。

强化质量评价，保证体系适应性 科学检验是一个复杂的过程，对于实验分析过程的质量控制工作尤为重要，尤其在日常实验中有时可能会出现一些相互矛盾的检验结果，主要与食品药品检验工作者采取的操作流程和检验方法的不同有关。因此各种标本的留取要求，都须严格明

开展实验室能力验证
与技能比武

确，保证检验标本符合要求。进一步强化室内质量控制的管理，实验室应定期地对其活动进行内部审核，以验证其运作持续符合管理体系的要求。实验室最高管理者应定期地对实验室管理体系和检测和校准活动进行评审，以确保其持续适用和有效，并进行必要的变更或改进。同时，要科学制订实验室质评工作计划，适时参加检验机构组织的实验室比对等室间质评活动，主动接受检查和监控，同时，对每次比对结果进行分析评价，找出检验工作中的差距和不足，提高检验质量，保证结果的准确性和可靠性。

改进人员管理，加强人才储备 人才是实验室最宝贵的资源。再好的制度、再先进的设备、再科学的方法都需要依靠人去操作实施。实验室的科学化管理能否实现，人是决定因素。对实验室人员的科学化管理，关键在识人与用人。① 要"进对人"，把好人员进口关。实验室要求凡进必考，不论是带编制的正式员工，还是编制外的临聘人员，都应该先定岗位，明确岗位职责要求和招聘条件，面向社会公开招聘，择优录用。② 要"用准人"。要把人才放到合适的岗位上，首先要设法了解每个人的情况和特点。比如对新进人员，采取见习期从前台做起，多岗位轮换的办法，可以从不同角度观察了解一个人思想作风、工作态度和专业特长，从而为转正定岗时安排到合适的工作岗位奠定基础。③ 要"培养人"，培养不同专业方向的好苗子，为事业发展增添后劲。④ 要"成就人"，建立科学的人才管理机制，给人才提供足够机会和舞台。检验机构要突出专业技术的主体地位，坚决摒弃官本位思想，警惕和防范行政化倾向。要构建结构合理的人才梯队，在大力培养专业技术人才的前提下，有计划地培养综合型、管理型人才。不断提升专业人员的经济待遇和政治地位，鼓励广大青年技术人员术业有专精，通过专业的发展，实现人生的价值。

　　检验求是是一个持续、渐进的过程。管理即决策，对于实验室管理者而言，了解实验室科学化管理的理论基源、基本内容和路径选择，从宏观上把握实验室科学化管理的基本任务、重点工作和努力方向，将为下一步靶向性地探究质量管理、检验管理、设备管理、人员管理等内容奠定基础。

第 三 章

检验求是与质量方针

质量方针，对于我国食品药品检验机构来说，犹如一面旗帜。无论是食品药品检验事业的科学发展，还是为监管提供技术支撑，服务保障人民饮食用药安全，旗帜插到哪里，胜利就会到哪里。检验求是正是紧握旗杆的手，给予了质量方针长久屹立的力量源泉。质量方针的建立、贯彻与完善，充分体现了求是精神存在的意义。

质量方针是由最高管理者正式发布的该组织总的质量宗旨和方向。不同的实验室应根据其自身定位、服务对象、检验能力、地域特点、工作目标等提出契合自身特点的质量方针，在充分体现科学检验精神要求的前提下，起到能充分指导实验室实际工作的作用。

第一节　关于质量方针

质量方针是组织内全体人员执行质量职能以及从事质量管理活动所必须遵守和依从的行动纲领。

1. 产生的背景与基础

根据ISO/IEC 9000标准中的定义，质量方针（quality policy）是由组织最高管理者正式发布的该组织总的质量宗旨和方向，以顾客要求和期望为主要出发点，以提高企业效益为归宿点的组织最高管理者的理念和追求，是其最高管理者对质量管理的指导思想和承诺，是整个机构不断追求和持续改进的目标，是检验机构的价值观和生命线。

社会良性发展　改革开放前的计划经济时代，物质相对贫乏，产品大多处于卖方市场，人们往往对产品的质量和使用功能没有太多的奢望。

随着改革开放，我国由计划经济逐步转向市场经济，国外的先进管理理念也随之步入国门，并随着科学技术的迅猛发展以及新设备、新材料、新观念的出现，人们对产品质量的要求和企业自身的发展的需要，质量得到了普遍的重视。20世纪70年代末期提出了全面质量管理的新观念，全国大规模地开展了全面质量管理知识的普及教育，开展了"QC"小组的活动，使广大职工质量意识和质量管理的思想和观念发生了巨大变化，全面质量管理的思想、理论、方法逐渐被人们接受，有近三十年

计划经济和市场经济的转变

的成功经验及教训，质量意识逐渐提高，规章制度正在逐步完善。

社会的良性发展趋势，让民众对生活水平和商品服务质量有了更高的追求，促使社会各行业中质量管理新观念和新思想的产生，以及质量管理工作的推广普及，为质量方针的产生提供必要的环境条件。

ISO 9000族标准的产生　质量方针是建立在国际公认的ISO/IEC 9000标准的基础上，同时ISO/IEC 9000标准的建立和完善是质量方针的产生和发展的必要前提。质量方针的出现与ISO 9000族标准的产生和发展密不可分。

ISO 9000系列标准明确要求机构最高管理层直接参与质量管理体系活动，从公司层面制定质量方针和各层次质量目标，最高管理层通过及时获取质量目标的达成情况以判断质量管理体系运行的绩效，直接参与定期的管理评审掌握整个质量体系的整体状况，并及时对于体系不足之处采取措施，从机构层面保证资源的充分性。强调以顾客为中心的理念，明确机构通过各种手段去获取和理解顾客的要求，确定顾客要求，通过体系中各个过程的运作满足顾客要求甚至超越顾客要求，并通过顾客满意的测量来获取顾客满意程序的感受，以不断提高机构在顾客心中的地位，增强顾客的信心。而这些正是质量方针的实质和目标所在。

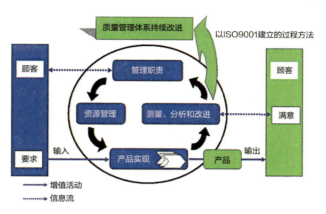

ISO 9001过程方法论

链接：全面质量管理（total quality management，TQM）：以质量管理为中心,以全员参与为基础,目的在于通过让顾客满意和本组织所有者,员工,供方,合作伙伴或社会等相关方收益而使组织达到长期成功的一种管理途径。在全面社会的推动下，企业中所有部门，所有组织，所有人员都以产品质量为核心，把专业技术，管理技术，数理统计技术集合在一起，建立起一套科学严密高效的质量保证体系，控制生产过程中影响质量的因素，以优质的工作最经济的办法提供满足用户需要的产品的全部活动。

ISO 9000质量管理体系：是国际标准化组织（ISO）制定的国际标准之一，在1994年提出的概念，是指"由ISO/TC 176（国际标准化组织质量管理和质量保证技术委员会）制定的所有国际标准"。该标准族可帮助组织实施并有效运行质量管理体系，是质量管理体系通用的要求和指南。我国在90年代将ISO 9000系列标准转化为国家标准GB/T 19000系列标准，随后各行业也将 ISO 9000系列标准转化为行业标准。

2. 产生的客观必然性与规范性

纵观质量管理和质量体系的发展，质量方针产生的必然性归纳于几大方面。

国际环境　在国际经济合作中，尤其是工程的招投标，要求出示经过ISO 9000的质量体系认证已是一种国际惯例。只有通过了ISO 9000质量体系的认证，才能证明企业具有保证产品质量的能力。说明企业的质量管理已制度化、规范化、质量管理已达到相当水平，其产品质量能满足顾客明确的需要及社会隐含的需要，企业有较高社会信誉，并有市场的竞争能力。

国家提倡　我国政府到目前为止未对质量管理和建立质量体系作出明确或强制性规定，企业采取完全自愿的原则。政府已不是企业的领导者和保护伞，只进行宏观的指导控制，让企业在公平的环境下竞争，同时也给企业留下了时间空间，希望和鼓励企业能实事求是加强自身改革，尽快地进入世界经济大潮中。

质量是企业生存和发展的第一要素，这已为研究质量问题的学者和国内外大多数企业所认同。质量管理从20世纪初的质量检验阶段，逐步发展到统计质量管理和全面质量管理阶段，其总体趋势是积极的。

国家准入实验室自身需求　中国各级食品药品检验机构在建国初期成立，在市场经济的体制下产生发展，成为各行业的标准的制定者和践行者，只有加强质量管理和建立健全质量保证体系，明确和践行质量方针，才能使各机构所辖检验实验室满足社会发展的需要和自身壮大的需求，以及满足国家准入实验室的要求，从而在规范和导向整个行业中起到应有的作用，切实成为保障人民安全的技术支撑。

20世纪80年代至21世纪初的这段时间里，依托于信息技术的新理念和实际的需求，企业管理理论与方法的研究进入了一个繁荣的时期，新方法层出不穷。在这次浪潮中，质量管理借鉴其他管理领域的理论和方

六西格玛管理模型

法，也在探索中不断寻求对自我的突破，出现了诸如6 Sigma管理、零缺陷质量管理、客户满意的质量管理、战略质量管理、市场驱动的动态质量管理和基于约束理论的质量改进原理等一系列质量管理理论和方法上的创新。同时，为了激励企业的质量管理活动，我国还设立了"全国质量奖"。

在我国监管体制下设置各级检验机构，经历了几十年的发展变化，在各个不同的历史时期，始终不渝地忠实履行着质量技术监督和安全把关的神圣职责。特别是改革开放30多年来，各级实验机构利用人才和技术优势，充分发挥监管的技术支撑、技术保证和技术服务作用，努力达到国家准入实验室的资质要求，为不断提高我国各行业监管水平、公众安全保障水平和产业发展水平付出了辛勤努力，做出了应有贡献。为保证实验机构实验 结果的准确可靠，总结制定出符合社会需求和行业特点的质量方针，薪火相传，是作为国家准入实验室的检验机构自身的急切需求。

药品检测领域的政府实验室

全国质量奖奖牌

链接："全国质量奖"：为贯彻落实《中华人民共和国产品质量法》，表彰在质量管理方面取得突出成效的企业，引导和激励企业追求卓越的质量管理经营，提高企业综合质量和竞争能力，更好地适应社会主义市场经济环境，更好地服务社会、服务用户、推进质量振兴事业，特于2001年设立全国质量管理奖。质量管理奖是对实施卓越的质量管理并取得显著的质量、经济、社会效益的企业或组织授予的在质量方面的最高奖励。从2006年起，"全国质量管理奖"更名为"全国质量奖"。

3. 质量方针对实验室的意义

明晰、切实的质量方针、质量目标和质量承诺是实验室工作的灵魂，检测实验室的质量方针既要体现检测工作科学求是的精神，也要体现实验室以顾客为焦点的服务宗旨。

管理体系的建立需要明确宗旨和方向　质量管理体系是指确定质量方针、目标和职责，并通过质量体系中的质量策划、控制、保证和改进来使其实现的全部活动。

从质量方针的定义中我们知道，质量方针是宗旨是方向，是组织在质量管理上总的宗旨和方向。质量方针为管理体系的建立提供框架，这实质说的是质量方针应为管理体系的建立圈定好范围，是在管理中涉及的各方面间做出宽窄的横向选择，而不是在某方面上做出高低的纵向标定。

质量管理的推进需要质量方针的指引 质量方针是组织提高质量的宏观措施，需要随时调整。质量方针之所以不叫质量措施而叫质量方针，这是因 为质量方针是宏观措施，所侧重的适宜性要多于有效性，就是是否适当，至于是否有效，则因具体的措施而异。有时遵循了好的质量方针和质量措施是一

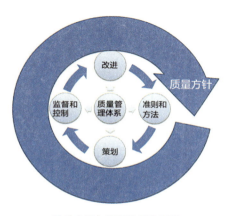

质量方针与管理体系的关联

脉相承、前后呼应的。方针与措施是指导与遵循的关系，既方针对措施具有指导作用，措施对方针有遵循的义务。方针的实施、执行就是被遵循。遵循着方针采取了一个时期的措施之后，当评审认为方针所指已不再是需要加强的方面时，此时方针自然显得不适宜，这就需要调整，即改变质量方针。一个有效运行的质量管理体系应该视情况及时调整质量方针。质量方针是管理上的引领，能指引质量管理正确有效的推进。

🔗 **链接**：ISO 17025：ISO 17025是对于实验室能力要求的国际标准，目前最新版本是2005年5月发布的，全称是ISO/IEC 17025：2005《检测和校准实验室

能力的通用要求》，其中包含15个管理方面的要素以及10个技术方面的要素。

质量：ISO 9000：2000《质量管理体系基础和术语》中对质量的定义是：一组固有特性满足要求的程度。对质量管理体系来说，质量的载体不仅针对产品，也针对过程和体系或者它们的组合。也就是说，所谓"质量"，既可以是零部件、计算机软件或服务等产品的质量，也可以是某项活动的工作质量或某个过程的工作质量，还可以是指企业的信誉、体系的有效性。

质量方针：根据ISO/IEC 9000标准中的定义，质量方针（quality policy）是由组织最高管理者正式发布的该组织总的质量宗旨和方向，以顾客要求和期望为主要出发点，以提高企业效益为归宿点的组织最高管理者的理念和追求，是其最高管理者对质量管理的指导思想和承诺，是整个机构不断追求和持续改进的目标，是检验机构的价值观和生命线。

第二节　质量方针的实质和内涵

质量方针与求是精神的内核是相通的。求是精神属于哲学范畴，质量方针则是具体表述，是各级食品药品检验机构在质量管理体系中对于求是精神的理解表达。二者互为印证、相辅相成。

1. 质量方针的实质

质量方针从形式上是由组织最高管理者正式发布的该组织总的质量宗旨和方向。其实质不仅是自上而下的推动和灌输，还是我们食品药品检验机构自下而上、由内而外、自发形成的行为标准和规范约束。建立并践行食品药品检验机构质量方针的过程，也是升华行为标准、技术规范以及传承检验文化的过程。

在这个过程中必须要思考：我们为谁检验？他们需求是什么？ 为什

么提出这样的需求？如何满足这些需求（如何检验）？检验的原则是什么？回答了这些问题，就清楚了自己的目标和如何来实现这些目标，也就清楚了践行求是精神的途径。

为谁检验 质量方针贯穿的主线是"为民"，目的是"为民"，这必须成为食品药品检验工作者根本的思维方式和价值取向。食品药品检验机构作为监管的技术支撑单位，其核心使命：一要对药品及食品化妆品的质量安全把关，大力倡导检验的职业操守，恪守高度负责、严谨认真、诚实守信的职业道德，树立强烈的为民服务意识。二要为加速药物的研发进程做贡献，不断提高服务监管、服务公众、服务社会的能力和水平，巩固和树立检验窗口服务部门的良好形象，在宏观水平上对检验质量提供保障。

怎样检验 如何做好检验工作是每一个食品药品检验机构都必须认真思考、努力践行的命题。归纳起来，做好检验工作必须保持严谨的态度、规范的操作和科学的精神。严谨的态度是检验的基础，态度决定行为，行为体现作风。严谨既是科学的态度，也是优良的作风。规范的操作是检验的保障，规范是保障检验结果的准确性和可复现性的前提和基础。个人的规范操作是一种良好的行为习惯，集体的规范操作是食品药品检验机构必须具有的优良传统。求是精神是科学检验的本质，科学检验是求是精神的具体表现形式。科学检验是履行检验法定职能的根本统领。科学的检验方法和手段是检验求是的具体体现，也从根本上回答和解决"怎样检验"的重要问题。科学检验要求我们必须从人、机、

检验质量的影响因素

料、法、环、测、抽、样、数等各个方面保障检验的顺利进行；科学检验要求我们必须依据科学的标准、规范的程序、合理的方法和准确的结果等四项要素来开展检验工作；科学检验要求我们必须坚持研究型检验的技术路线。科学是检验内在的动力和生命力，求是精神是避免我们在日复一日的检验工作中沦为"检验匠"的内在激情。

指导行动 我国食品药品检验机构的性质决定我们从事检验工作的原则，认真负责、实事求是、公开公正、依法检验。认真负责、实事求是科学检验的内在要求，公开公正、依法检验是为民服务的外在承诺。

认真负责 实事求是 食品药品检验工作者科学严谨、认真负责的态度是做好食品药品检验工作的重要前提。质量方针的建立是实验室的最高管理者着眼于检验机构的思想建设、作风建设和能力建设，在检验实践中形成的符合时代要求的共同信念、价值取向、行为规范和思维方式，是提升食品药品检验工作水平的必由之路。

公开公正 依法检验 为保证食品药品检验报告的公正性，食品药品检验工作者应该不受任何来自商业、财务和行政等方面压力的影响，始终坚持"求是"的理念，按照质量方针的指引，牢固树立检验法治观念，严格遵守相关的法律法规和技术、管理规范，客观公正地对检品做出评价判断，保持行为的法制性、公正性。

理念
一切为了人民生命安全
工作宗旨
服从监管需要
服务公众健康
自觉性
同公众站在一边。把监管需要作为第一信号，第一选择。
突出适应（能力，理念和素质）。彰显地位和作用。

前提与基础
遵循宗旨：是"为国把关，为民尽责"的前提；是生存与发展的价值和意义的基础
核心目标
让公众放心，满意

中国食品药品检验机构的宗旨意识

2. 质量方针的内涵

质量方针是食品药品检验机构在检验工作中所必须遵循的基本原则，一切检验活动都必须在质量方针的指导下进行。

服从于质量目标 我国食品药品检验机构所制定的质量方针，在内容上虽各有不同之处，但质量目标都具有一致性。即质量的过程是实事求是，质量的目标是"为国把关、为民尽责"。质量方针的制定、贯彻和执行，都要在质量目标的框架下进行。以质量手册等形式具体表现出的质量方针，在食品药品检验工作者的检验行为中具有不可动摇性。不以客观条件不足而偏差，不以主观意识不高而退变。

履行职能的顶层设计 科学检验精神正是中国食品药品检验机构最高管理者，结合药检事业的历史以及今后的发展方向所进行的"顶层设计"，经过"从实践中来，到实践中去"的过程，确立了科学检验精神，并得到了全系统内外高度认可。目前，求是精神指导下的质量方针俨然成为我国食品药品检验机构的一面旗帜。

服务承诺的制度保障 质量方针由食品药品检验机构制定，反映了食品药品检验工作者在履行职责上的追求。食品药品检验机构服务监管、服务公众、服务社会的种种承诺的实现，质量方针为其提供了坚强的制度保障，并以质量手册为载体具体实施运行。

🔗 **链接：**"科学、独立、公正、权威"是中国食品药品检定研究院的质量方针。

构建社会公信力的基础 质量方针的贯彻执行，为检验结果的安全性、有效性和质量可控性，提供了方向性保证。由此对监管、公众、社会三方承诺均会逐一兑现。在履行承诺的过程中，在急难险重的攻关中，求是精神指导下的质量方针，也会不断调整、完善，最终使食品药品检验机构得以取信于监管，取信于民，取信于社会，取信于国内外。

3. 检验求是与质量方针

求是精神来源于实践，被实践所验证，又指导实践工作，质量方针是检验求是在具体工作中的表现形式，二者互为印证，相辅相成。

质量方针作为食品药品检验机构实践求是精神过程中行为规范的文字表达，为践行求是明确了要求。食品药品检验机构要根据自身的服务对象、检验能力、地域特点、工作目标等，提出科学合理的检验质量方针，把保障和服务于人民群众健康福祉作为首要的价值取向，以紧紧围绕保障公众饮食用药用械安全为中心，大力推进食品药品检验事业科学发展。

第三节 食品药品检验机构质量方针运行状况

目前，我国各级食品药品检验机构都制定有质量方针，以中国食品药品检定研究院为代表，其制定的"科学、独立、公正、权威"的质量方针，在贯彻过程中具有明确的导向性和指导性。各级食品药品检验机构，在制定各自的质量方针时，在"科学"、"公正"、"高效"、"严谨"四方面都表现出了高度的概括，但不论是何种表现形式的质量方针，都必须要有明确而强有力的本职宗旨和方向，并使之贯穿于检验过程始终。

1. 质量方针的运行状况

通过对全国省级和地市级食品药品检验所（院）调查问卷193份，我们得到的调查结果分析如下。

　　我国各级食品药品检验所（院）质量方针信息和检测能力涉及领域的情况。

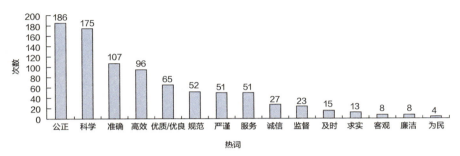

质量方针中热词出现频率图

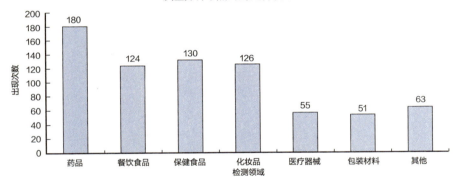

我国各级食品药品检验所（院）的检测能力涉及领域的出现次数

　　我国各级食品药品检验所（院）质量方针适宜性自我评价的情况。

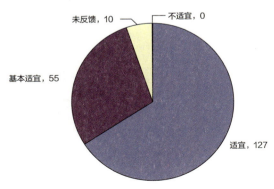

质量方针适宜性调研结果

我国各级食品药品检验所（院）近五年来质量方针和质量目标是否进行修订的情况。

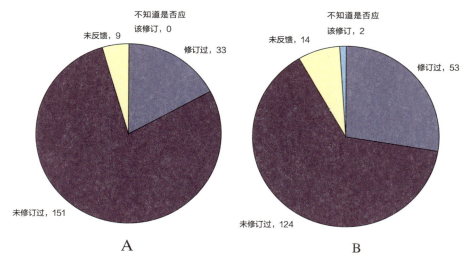

近五年来质量方针和质量目标是否经过修订调查结果
（A 质量方针　B质量目标）

我国各级食品药品检验所（院）自身的检测资源是否能满足质量方针和质量目标的情况。

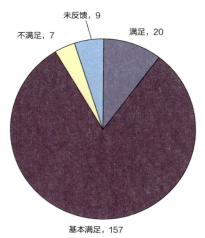

检测资源和质量方针的匹配关系

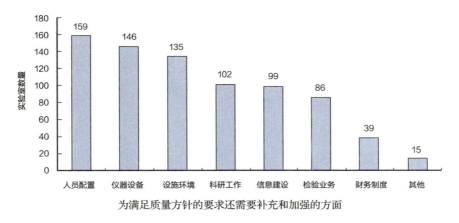

为满足质量方针的要求还需要补充和加强的方面

2. 质量方针的运行效益

质量方针是实验室质量管理体系十分重要的部分。目前我国各级食品药品检验机构质量方针总体适宜有效，体现了实验室的质量宗旨和方向。

全国大多数食品药品检验所（院）均建立了较为适宜的质量方针，并依据质量方针设定了质量目标。这些质量方针和目标均能很好地体现求是精神，并从以下几个方面极大地促进了我国食品药品检验所（院）管理体系的建立以及质量管理工作的开展。

各地食品药品检验机构的质量方针

质量方针与组织的宗旨基本适应。我国各级食品药品检验所（院）的质量方针基本上与组织的总体宗旨相一致，符合我国食品药品检验机构的总体特色和要求。

质量方针包含对满足要求和持续改进质量管理体系有效性的承诺。这种承诺基本上涵盖了检验机构的各个相关方。

质量方针提供制定和评审质量目标的框架。这些质量方针指出了食品药品检验机构的质量发展方向，并促使其进一步制订和完善质量目标的落实和展开，成为制定和评审质量目标的框架和基础。

质量方针在组织内得到沟通和理解。各级食品药品检验所（院）为了质量方针的最终实现，均将质量方针传达到了组织内适当层次的有关人员，使他们能够相互沟通和充分理解质量方针的内涵。

质量方针基本适宜，与检测资源基本匹配。各级食品药品检验所（院）对质量方针是否适合于发展进行定期评审（包括内审和管理评审），以适应不断变化的内外部条件和信息。

各级食品药品检验机构，在质量方针的理解和运行中尚需在以下几方面加以改进。

应明确食品药品检验机构的服务对象，增加"检验为民"的表述。作为我们国家依法设置的食品药品检验机构，必须明确我们服务的对象是人民大众。只有时刻站在为人民负责、为党负责、为历史负责的高度上才能确立起高度的责任心和使命感，才能在各种利益诉求的不断侵蚀下，始终保持公正廉洁、孜孜不倦、追求真理、纯粹无瑕的检验求是精神。

需增加食品药品检验机构特殊性的具体表达。质量方针中"公正"、"科学"、"准确"等词的重复频率较高。质量方针应言简意赅，但不是口号的罗列。"公正"、"科学"、"准确"等词虽然能表达出作为检验机构的基本要求，但它们适合所有检验和（或）校准实验室，难以体现食品药品检验机构的特色。

应补充对检验机构自身定位的思考。虽然我国的食品药品检验机构从事的检验任务基本类似，检验对象基本相近，但从组织结构上看是层级明确的，从检验样品的种类上看是有所分工的，服务对象是有所不同的。如国家级与省、直辖市、自治区药品检验所（院）以及地市级食品药品检验所的职能是不同的；口岸药品检验所承担着进口药品法定检验的任务；总后药检所承担着服务军队的检验任务。所以应该着眼于法律法规及各级政府赋予本机构的职能制订出适合自己定位的质量方针。

需对质量方针和质量目标适时地进行调整。在质量管理中，方针目标管理可以通过个体和群体的自我控制和协调，在实现个人目标的同时，保证实现共同成就。质量方针和质量目标均应适时地进行调整。质量方针虽然应该相对稳定，不宜朝令夕改，但也不能一成不变，一劳永逸。最高管理者应在管理评审或其他活动中，对质量方针和质量目标进行适宜性方面的评审。适当时可通过评审对其进行"战略"调整，以进一步完善，使其持续地具有生命力和感召力。当然，评审中要经过缜密的策划、详尽的分析和周密的论证，才能获得最佳的效果。

3. 体现检验求是并契合职业特点的质量方针

求是精神是食品药品检验机构制定质量方针总的指导原则。符合食品药品检验机构具体特点的质量方针应充分全面地表达求是的思想内涵。

践行科学检验精神，食品药品检验机构质量方针的基本内容和出发点，能体现出"科学规范、佑护健康、公正准确、开拓创新"的基本要求，符合检验求是精神对质量方针建设的基本指导原则，同时反映全国食品药品检验机构的基本诉求。它既与我国大多数食品药品检验机构目前现有的质量方针一脉相承，又可以进一步突出食药检验的宗旨、使命、要求和期望。

科学规范 "科学规范"即标准化。食品药品检验工作，包括所有的操作程序和检验标准都以科学规范为出发点，一步一步实施，一步一步落实。食品药品检验机构应从采用国际标准转向中国标准的国际化，加快标准化的步伐，弥补与国外检验机构的差距。加强标准化研究管理体系建设，通过建立和完善国际标准化跟踪和推进机制，提升标准化国际竞争力。推进全系统技术标准资源服务平台的建设，为全系统业务发展提供强有力的技术支撑，把好食品药品检验的质量大关，为民负责，为国尽责。同时也为提高国内企业的市场竞争力，为国内企业提供质优的技术标准服务，让标准成就行业价值。

护佑健康 "护佑健康"是我们食品药品检验机构的光荣使命，是我们一切工作的目标，更是科学检验精神在食品药品检验机构的具体体现。我们食品药品检验机构存在的基本目的就是要佑护人民大众的身体健康。当人民担心食品受污染、药品不安全、医械不合格的时候，一切幸福生活都无从谈起，又何来的小康社会？何来的中华民族的伟大复兴？佑护健康这一使命要求我们把所有工作集中起来，为了这个目标而形成我们食品药品检验机构的合力。

公正准确 "公正准确"是我们自身内在的要求，是人民对我们的要求，也是科学检验精神的要求。公正要求我们要不断进行主观世界的改造，摒弃私心杂念、坚定为民的信念，以事实为依据、以数据为准绳，对待每一份报告，每一项结论；准确要求我们要不断提高检验技术，磨练检验技艺，在科学的方法指导下，得出最符合真实的结果。公正准确是检验工作的基石，是实现宗旨和使命必不可少的要素，是对我们整个食品药品检验机构的要求，也是我们作为这个集体的一分子的个人的要求。我们每个人的都做到每一项操作、每一份数据、每一次计算都准确了，则我们整个系统就准确了。我们每个人都能保持公正，不偏不倚，不受诱惑，不昧私心，则我们整个系统就公正了。

国内药检领域**零**的突破

上海市食品药品检验所获授权实施境内首个药品检测的国际能力验证项目

开拓创新 "开拓创新"是科学规律对我们的期望，是未来对我们的期望，更是科学检验精神对我们的期望。开拓创新是我们不断前进的动力，是我们整个系统不断前行的力量源泉。开拓创新要认清方向，这个方向就是人民幸福健康的需求，就是自然科学的需求，就是食品药品检验事业未来发展的需求；开拓创新要不断积累，

小贴士

能力验证：利用实验室间比对，按照预先制订的准则评价参加者的能力。当有的量值的溯源尚难实现或无法实现时，可利用能力验证来表明测量结果的可信性。

默默耕耘，不能指望一蹴而就；开拓创新要百折不挠，不怕失败，不能跌倒就躺倒；特别要注意的是，开拓创新不同于片面地追求技术上的"高精尖"，而应追求思想上的创新，思路上的不同，想别人所未想，行别人所未行。"如将不尽，与古为新"，真正的创新往往脱胎于摒弃陈规陋习、人云亦云，而不是技术装备上的人无我有、人有我精。

第四节　切实贯彻质量方针

各级食品药品检验机构建立起科学的质量方针，并自上而下、由内而外的贯彻执行，并使其真正成为食品药品检验机构实践"求是"精神的指导原则，势在必行。

1. 贯彻执行质量方针的重要性

质量方针是其最高管理者提出的关于检验质量的总的纲领，体现最高管理者在一定时期内的质量战略决策，制定出方针和目标，使各项活动都能围绕这个方针和目标来进行。同时质量方针应避免空洞，要从实际出发，符合检验机构的现实目标。

质量方针作为食品药品检验机构建立高水平管理体系的前提和基础，必须具有一定的高度和水平，提出"为谁检验、为什么检验和如何检验"的问题，制定质量方针是质量管理的开始，贯彻实施质量方针，使质量管理水平达到一个新的高度。

质量方针作为全体员工基本的行为准则，是凝聚员工队伍不断追求进步的精神内核，是食品药品检验机构全体员工的共同追求，具有号召力和凝聚力。质量方针贯穿于检验工作的全过程，使得检验机构内部业务部门之间以及业务部门和质量管理部门之间，目标一致，合力"求是"，促使质量方针不断完善的同时，营造团结向上的工作氛围。

2. 实践质量方针的原则和要求

科学合理的质量方针制定的目的是确保检验质量，并避免质量方针在实施过程中可能会出现弱化和变形。

自觉学习，深刻理解　检验质量方针是各级食品药品检验机构最高管理者关于质量管理的宗旨和承诺，但它不能仅仅停留于最高管理者或管理层的思想中或文件上，而应为全体食品药品检验工作者接受、理解和认同，成为所有食品药品检验工作者抢抓机遇、迎接挑战，进一步推动食品药品检验事业科学发展的思想武器。只有把质量方针变成员工自己的质量方针，员工在遇到质量问题时才会按质量方针规定的宗旨和方向去处理。因此，大家都要高度重视对检验质量方针的学习、讨论和理解，自觉把它作为统一思想的基准，为不断开创食品药品检验事业的崭新局面提供精神动力。

联系实际，努力实践　要用检验质量方针去引领、指导和推动食品药品检验工作，把它贯穿于食品药品检验的全过程。要在实践中不断思考我们的工作中还有哪些与质量方针的要求相违背，还有哪些欠缺不足。实践质量方针，还要防止僵化、机械、一成不变的理解。要引入辩证法，积极创新，充分调动检验工作者干事创业的积极性、主动性和创造性，进一步推动食品药品检验工作走向"为民检验，科学发展"之路。同时，要用质量方针去指导建立质量目标，使其在质量方针框架内确立、展开和细化；并用质量方针去评审质量管理体系是否适宜、充分和有效。

测量检查，定期评审　质量方针实施和落实的情况，应定期进行测量和检查。例如对顾客和其他相关方满意程度的测量、对质量管理体系的内部审核以及外部评审、对检验质量的检测等，其结果都可以作为对质量方针的测量。这种测量和检查可以采取审核方式、考试方式、现场采访方式进行。而质量方针要适应组织内外部不断变化的情况，则应该注重对质量方针持续进行适宜性的评审。

通过实验室认可、资质认定等外部评审来检查质量方针落实情况

坚持不懈，持续改进　检验质量方针是食品药品检验机构的最高目标，是精神层面的纲领。实际操作过程中应转化为具体的质量目标，应以各种数据指标作为实现检验质量方针的支撑和依据。质量目标的实现不是一蹴而就的，而应通过实行全面的质量管理，按照计划—执行—检查—修正的不断循环的方式，以螺旋上升、循序渐进的形态实现对质量方针的无限接近。总而言之，就是要坚持不懈，持续改进。质量方针构建的是一个开放的、在实践中前进的系统，需要广大食品药品检验工作者在实践中认真研讨，深刻理解，不断丰富、完善和发展其实质与内涵，不断探索和总结符合食品药品检验客观规律的理念和思想观念，不断探索和总结符合科学检验精神的技术路线，赋予其顽强的生命力和现实的指导意义。

ACT

4. 循环改进。[ACT]
  4-1. 计划下一循环
      的改进
  4-2. 推进活动

3. 确认结果。[CHECK]
  评估过程并不断改进

PLAN

1. 明确把握事实。[PLAN]
  1-1. 目前事实
  1-2. 相关的客户需要
  1-3. 过程全面了解
  1-4. 作出改善计划

2. 做决定。[DO]
  2-1. 建立对策，作出
      明确决定
  2-2. 具体实施

CHECK

DO

PDCA循环

链接：在美国食品药品监督管理局（FDA）中，质管部门的质管专员和质管高级经理确保质量方针符合以下要求：① 满足FDA自身及其质管部门的要求和需求；② 包括满足质量管理体系要求和持续改进的承诺；③ 提供建立和评审质量目标的框架；④ 保证质量方针的沟通、理解和实施；⑤ 定期评审质量方针的持续适用性。

3. 实践质量方针方面的具体措施

我国各级食品药品检验机构都根据自己的理解在日常工作中对科学检验精神进行了多方的探索和实践，在实现对质量方针和质量目标不断追求的过程中进行了许多有益的尝试，也总结了一些经验。

建立健全检验体系　我国食品药品检验体系已经由前些年的药品、生物制品、医疗器械、实验动物4个检验体系，逐步建立起包括中药民族药、化学药、生物制品、食品化妆品、医疗器械、标准物质、实验动物、药品安全评价和标准化研究等在内的九大体系，同时不断强化优势学科建设、完善标准物质、实验动物和标准化研究等三大技术支持体系建设。

建立文件化质量体系　体系文件是管理体系的基础，体系文件在不断完善的过程中也需要加强宣贯力度，以使广大员工充分了解体系文件，从而更好地执行体系文件。为了让"文件更生动、理解更轻松、质量更可控"，可制作视觉化图片，将体系文件用图文并茂、活泼鲜明的方式表达出来，让广大员工易于理解和接受。

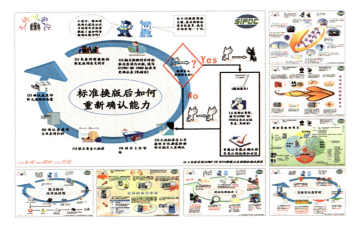

体系文件视觉化图片

强化日常监督　开展对关系检验结果准确性环节的重点检查，如：容量仪器的标化；滴定液的配制与标定；缓冲液、指示剂的配制及使用期限的管理；仪器设备的校正与校准；仪器使用后的登记；实验室环境的控制，以及实验人员的操作等环节的现场检查；以报告书为线索，对检验的全过程进行溯源检查，特别是报告书发放前的检查，有效避免出具错误的报告书，年度抽查覆盖所有科室与食品药品检验工作者；按照检品网络提示功能，核查超期检验品种，落实超期原因；设备定期巡检，保证正常运转。

加强能力建设　2005年，我国食品药品检验系统首次获得CNAS授权组织实施国家级能力验证。2011年又获亚太实验室认可合作组织授权和资助，研究并实施了编号为APLAC T080国际能力验证项目，实现了国内药检领域"零的突破"，是中国检验走上国际舞台的重要里程碑，为中国食品药品检验机构与国际接轨开辟了新的道路。

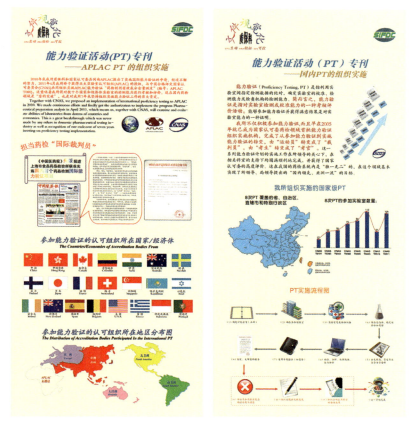

能力验证活动

建立质量分析制度 通过定期召开质量分析会，点评监督中发现的科室工作亮点与存在的问题，及时纠正不符合项，提出改进方案。对共性问题达成一致意见，以会议纪要的形式发布，所内遵照执行。另外，每个月在OA网上发布质量分析报告，传递正能量，对提出的问题引以为戒。

提高服务意识　对外服务工作是食品药品检验机构一项长抓不放的工作，想方设法采取多种措施提高工作人员的服务意识。如推进窗口服务标准化建设，建立完善投诉处理制度，坚持社会监督员制度等，都取得了良好效果。

业务受理大厅

只有认真领悟检验求是精神的精髓，才能把握好质量方针的本质和内涵；只有充分理解检验求是精神的要求，才能制订出符合国家准入实验室特色的质量方针；只有切实具备实践检验求是精神的勇气，才能持续不断地改进质量方针、提高保质量保安全目标。

第 四 章

实验室质量管理体系建设

　　不积跬步，何以致千里。改革开放30年来，食品药品检验机构机制逐步完善，基础建设和装备水平显著提高，检验队伍整体素质明显提升，检验管理体系日臻合理，实验室质量管理体系建设作为科学检验的基本保障和检验求是的必然要求，为保证检验质量夯实了坚实的管理基础。

一个实验室，无论规模大小，都是通过一定的组织管理方式，保持其正常运行和可持续发展。没有无目标的管理，也没有无管理能实现的目标。管理活动包括许多方面，如质量管理、财务管理、行政管理、安全管理等等，对药品检验实验室来说，质量管理是最重要的，是药品检验结果科学、客观、公正、准确的重要保障。

第一节　实验室质量管理体系建设的重要性

食品药品检验领域的实验室管理目前已经从系统建立初期的经验管理阶段，经历了制度化、标准化的变迁，发展推进到了科学化的管理阶段，并已从上到下逐渐向布局合理、仪器、设备设施配套、日常管理规范等成体系的发展方向推进。所谓全面的实验室管理就是基于风险管理的，以质量保证体系建设为核心的实验室管理。

1. 质量管理体系的内涵

现实中质量管理过程中"质量"的含义是广义的，除了产品质量之外，还包括工作质量。换句话说，产品的质量要通过产品生产，以及其行程过程的工作质量来保证。质量管理体系实质就是确定质量方针、目标和岗位责任，并通过质量体系中的质量策划、质量控制、质量保证和质量改进来使其实现所有管理职能的全部活动。无论怎样描述，建立质量管理体系的目标只有一个，是为了使实验室的管理程序化，程序规范化，规范标准化，而标准则更趋于科学化，直至建立符合国际要求的药品质量控制实验室，这也是我国食品药品检验走向世界的必然要求和历史选择。

所谓体系就是指一定范围内或同类的事物，按照一定的秩序和内部联系组合而成的整体。药品质量控制实验室质量管理体系包括26个基本要素，如组织；质量管理体系；文件控制；合同评审；监测活动的分包；服务和供应品的采购；服务客户和投诉；不符合工作的控制；纠正措施、预防措施与改进；记录的控制；变更控制；内部审核；管理评审；人员；设施和环境条件；监测方法及方法的选择、确认和验证；设备；测量溯源性；参考标准和标准物质；试剂和试验用水；检测药品的收养、接收与处置；检测结果的质量保证；数据与数据处理；检验检测与超标结果；结果报告与结果评价；以及实验室安全管理的要求等等。

上述的26个基本要素的形成可追溯ISO/IEC17025、GLP 和GMP 等多重质量管理理念，而这一兼容的要素组合可满足药品控制实验室现实的需求，是质量管理体系的核心，是实验室自身发展、能力提高的根本趋势。这些要素与过程、资源一起构成可控的质量管理体系，是建立并运行药品质量管理体系的基础。

系统性： 质量管理体系中的各要素、各层次之间既相对独立，又相互依赖，相互配合、相互促进和相互制约，形成具有一定活动规律的有机整体。

适应性： 质量管理体系应具备可持续改进的机制，随着实验室所处的内、外环境的变化和发展进行修订补充，以适应新形势、新要求和新变化的需求。

有效性： 质量管理体系应尽可能减少、消除和预防质量缺陷的产生，并一旦出现质量缺陷能及时利用自身的程序及时发现并纠正，使各项质量活动处于受控状态

全面性： 质量管理体系应覆盖本实验室所从事的所有活动，对检验报告质量形成进行全过程、全要素（包括硬件、软件、物资、人员、各个检测环节等）控制

质量管理体系的四大特性

2. 实验室质量管理体系建设的必然性

据2012年数据统计，我国GDP总量达到51万亿人民币，人均GDP达到38,852元人民币，人民生活水平已经从满足温饱需求向提升生活质量转变，对食品、药品、保健食品及化妆品等的基本需求，已经从有得

用、有得吃向用得好、用得安全转变。因此不难理解在同年的调查中，食品药品安全问题位居关注榜第三位。随着民生关注度的不断提升，检验行业被动地从技术监管的象牙塔逐步进入公众视野，随之而来的是对整个药检行业的公共危机处置等系列应对管理活动进行严格考量，科学、独立、公正、权威的食品药品检验机构成为民所期盼。

经济发展的必然需求　随着食品药品研制、生产、流通、使用国际一体化发展，药品检验实验室的质量管理体系建设在全球范围内得到了重视和认可。其原因有两个：一是由于相应的产品规范和法规逐步繁杂，因而对实验室的专业技能、检验结果的客观、准确要求日益提升；二是国际贸易的竞争趋势日益强劲，其中重要的指标就是通过检验显示产品的高技术和高质量，并利用检验形成各种技术性的贸易壁垒，以阻止产品进入他国或地区市场。这些均对实验室检测能力提出更高的要求。作为有力的工具和手段，建立质量管理体系，不断提升检验的技术水平，是经济发展的必然需求。

食品药品监管的必然要求　尽管新中国成立以来食品药品监管发生了翻天覆地的变化。自2006年药品安全突发事件的频频发生，又一再警示我国药品的安全形势正处在风险的高发期和矛盾的凸显期，作为药品监管技术支撑的检验机构承受着来自各方面的严峻挑战。法律法规的缺失、价值取向的冲击、现有体制的束缚、管理机制的禁锢、检验能力的局限、人力资源的不足等等都成为提升技术监管的难题。正是在这种压力下催生了科学检验精神理论体系的形成，加速了实验室质量管理体系建设的步伐。

社会公正活动的需要　随着中国加入世贸的进程，随着市场竞争的日益激烈，食品药品质量不仅是确保公众健康关注的焦点，也是追究责任的必要环节。与此同时由食药害事件引发的民事赔偿也悄然成为公众维护自身权益的一部分。其中围绕着药品撤市、修改说明书、专利侵权、市场竞争、药品不良反应赔偿等各种法律纠纷和诉讼呈逐年上升趋势，而其中责任划分的重要依据之一就是药品检验的数据支持，而数据的"科学、公正、准确、及时"主要来源于实验室质量管理的优劣。因此，优质的实验室质量管理体系的建立是社会公正活动的保证。

3. 质量风险管理

21世纪以来，全球的食品药品管理都已先后转型为风险管理的模式，风险管理的理念已经被有效地应用到药品监管的众多领域和诸多的部门的日常管理中。比如药品生产、流通、使用，药品认证、药品安全评价，以及药品检验等。

风险是未来结果的不确定性产生损失的可能性，是不确定性对目标的影响，是某种事物预期后果估计中的较为不利的一面，或者说就是一个事件产生我们所不希望后果的可能性。

风险无处不在，它由两个关键因素构成：危害发生的可能性和危害导致的严重程度，管理风险就是对这两个因素的控制。

质量风险管理是在质量管理方针、程序、规范在评价、控制、沟通和回避风险时系统的应用，简言之，是风险管理技术在质量管理中的具体应用，其主要目标是及时发现、预测质量管理中存在的风险或薄弱环节，并加

小贴士

风险管理：是对可能遇到的风险进行预测，识别，评估、分析，在此基础上选择最佳的管理技术，对风险实施有效的控制，并妥善处理风险所致的损失，以最低的成本获得最大安全保障的科学管理方法。

以纠正、预防、改进，但整个过程并不能消除所有风险，而是要控制或降低风险所带来的危害和损失。尤其通过风险管理工具对风险的可能性和严重程度进行评估，对高风险应该优先关注，优先给予资源，优先进行解决。

经研究分析药检的质量风险管理具有三个主要原则：原则一，要以科学性和技术性为依据，以符合法律法规为前提条件；原则二，任何检验结果都要以确保公众健康为出发点；原则三，质量风险管理流程和文件的复杂程度要与所对应的风险程度相一致。质量风险管理是一种预期管理，需要在掌握足够的知识、经验和数据后，前瞻性地推断未来可能会发生的事件，通过风险控制、避免或减少危害发生。

质量风险管理的目标和要求　有效的质量风险管理目标是对质量管理体系进行能力构建，使其具有完善的规则，能对资源进行调配，能对突发事件作出快速反应。

目标的可现实性：确定目标时要充分考虑到实现的可能性。不顾实际情况，去追求最优目标是不明智的，也是不现实的。在实际中，通常应用现实可行的目标取代理想无法实现的目标。从时间上以短期、中期和长期将目标区分。从空间上以内部和外部环境的允许程度来划分。

目标的明确性：要求目标必须具体，对目标的约束条件有明确规定。机构内部的约束条件来源于可以动用的人力、物力和财力，外部的制约因素来源于法令、政策、规章制度等方面的限制性条件。

目标的层次性：目标的层次性有两种：一种是按目标的重要程度划分主次，主要目标属高层次目标，是必须达到的目标，次要目标是低层次的目标，是希望达到的目标。另一种按各部门的地位和分工，划分为总目标和分目标。

目标量化可以使风险管理的目标制定得更精确，适合于采用现代先进技术及计算机对风险管理目标进行量化统计分析，常用的目标量化方法有下面三种：结构指标法、频数法和评分法等。

风险管理的工具和运用 危害分析和关键控制点方法（hazard analysis and critical control point，HACCP）是20世纪60年代初由美国食品生产者与美国航天规划署合作创建的，实践证明HACCP是简便、易行、合理、有效的风险管理工具。

2003年WHO发布的908号技术报告，介绍了HACCP在制药行业的应用；2005年ICH Q9要求制药企业对药品整个生命周期进行质量风险管理，并推荐其作为药品的研发、采购、生产、检验和销售的质量风险管理工具之一。

HACCP的工作要点：即分析危害因素及评估危害程度；确定危害控制点；制订关键点的有效管制限值；建立关键点的监控程序；建立纠偏措施；建立记录存储系统；建立HACCP体系的检验程序。ICH Q9推荐的五步的质量风险管理流程：启动程序、风险评估、风险控制、风险输出和风险审核。

风险管理流程

HACCP有三个特点：适用范围广，是系统化程序；安全性高，是预防性体系；针对性强，通过关键控制点实现管理。

第二节　实验室有效运行的保证机制

质量管理体系的建立是确保实验室有效运行的根本，其建立的过程就是求是的过程。必须根据本单位的规模、工作类型、工作性质、人员状况等客观条件，建立适当可行的质量管理体系。如程序化文件的建立，必须充分考虑现有工作类型，工作流程、现有员工的数量、技术水平，以及现有部门、岗位的划分，再结合现有的制度的规定，将这些与规范要求分析对照，对不同的岗位、职责进行整合精简，做到人员职责不交叉，规范要求不遗漏。

1. 实验室的有效运行

俗话说"三分技术，七分管理"，有效运行一靠管理，二靠技术。质量管理体系运行的核心是要素管理。要对26个要素进行全面管理，以确保各个要素的要求得到全面贯彻。

有效运行标准　实际运行中可用以下6条基本标准来衡量一个质量管理体系是否是有效地运行：

建立了一个科学和完善的符合《评审准则》的文件化管理体系，该体系与实验室的活动范围（工作类型、工作范围和工作量）要相适应，体系文件的制作切忌机械照搬，生搬硬套，尤其是SOP一定要在符合性和有效性中结合实际情况撰写；切忌过于烦琐，过程、接口不清，造成文件的可操作性差；切忌多个文件交叉重复，特别是描述不吻合，甚至相互矛盾；更要切忌长期不变，不随环境、人为的变化而变化，造成脱离现实。还要有适宜的质量方针、质量目标和质量承诺。

严格按照体系文件规定的要求运行，执行或实施中应该保留必要的记录。而实施中的重中之重就是加强培训，以确保规范文件的有效落实，尤其要注重以下三新的培训：新上岗和转岗人员的培训、新制定和修改的体系文件的培训和新技术、新方法的培训。

管理体系完全处于受控状态，使差错降低到规定的限度以内，体系中一旦出现偏差，要有机制迅速反馈，并立即采取纠正措施。质量保证体系要起到维持受控、反馈和及时纠正偏差的作用。

管理体系定期开展内部审核，建立自我发现、自我完善和不断改进的管理机制。

检验室应建立确保检测结果和质量的控制程序并加以执行。

最高管理者定期开展管理评审，对管理体系和检测活动中的问题（包括潜在的）采取纠正措施和预防措施，利用一切可以改进的机会，贯彻持续不断改进的政策。

质量管理体系的有效运行必备要点

实验室的最高管理者的作用 实验室的管理层的基本构成包括最高管理者、技术负责人和质量负责人。实验室最高管理者是质量方针、目标、政策和资源的决策者，主要负责实验室质量管理体系的实施和有效运行。最高管理者是做好质量管理的关键，组织机构设置、人员配置、资源整合需要决策者的"顶层设计"，质量问题的纠正、体系的调整、持续的改进等更需要决策者的"头脑风暴"。最高管理者应具备开拓思想、先进理念、优秀品质、科学方法，而降低主观性，增加透明度更是决策者应具有的素质。

链接：国家药物安全评价监测中心自组建以来，中心管理层一直坚持新技术、新方法的科学研究工作、坚持质量管理体系的建设，坚持人才队伍的建设。国家药物安全评价监测中心是上个世纪末，在日本专家的指导下，建立的我国第一个符合国际GLP要求的药物非临床安全忹评价体系。经过多年的努力，中心在统一的组织机构下建立了一般毒理、生殖毒理、遗传毒理、临床生化、毒性病理、动物管理等一系列技术部门，同时建立了一套严格的组织管理体系，制订了涉及综合管理、质量保证、仪器设备等700余份SOP。中心于2003年5月22日首批通过SFDA的GLP认证；2005年通过了日本GLP专家的检查；2007年通过 美国 AAALAC认证；2009年通过美国FDA GLP实验检查；2010年又通过美国CAP认证。在这种质量管理体系有效的运行中已完成了多项国际合作项目，得到了国际GLP充分认可。

质量负责人是质量管理体系的关键角色 质量负责人是质量管理体系的质量主管，是内部质量管理政策的实施者，也是质量管理体系运行的执行和监督者，其任务就是确保管理体系有效运行，并且不断改进。质量负责人必须熟悉相关法律法规、技术规范，以及各类规章制度；具有专业技术基本理论知识和实践经验；熟悉各项检验项目的方法和标准程序；知晓各类检测以及实验室的质量控制环节；具备良好的沟通与协调能力和严谨的工作态度；以及一系列质量管理系统有效运行和持续改进的管理能力。

总之，质量负责人在质量管理体系中是工作职责范围较广，涉及多个管理要素，其权力大到能抗衡机构最高负责人，问责细到报告中的数字和符号。每个岗位、每个成员都是质量管理的目标，每个环节、每个区域都有质量关注的要点，体系是否有效运行和持续改进更是质量管理负责人能力的体现。

2. 实验室质量管理体系的三大保证

质量管理体系有效运行的控制难点在流程管理，程序文件所规定的工作流程是否科学、合理，并是否得以严格地贯彻执行是质量体系运行符合性和有效性的保证。管理评审、内部审核、质量监督好比质量管理体系有效运转的三部发动机。

管理评审 目的是为确保管理体系持续适用和有效运行，管理评审侧重于质量目标、质量方针的适宜性考量，以及实验室的能力、质量和安全等各方面存在的突出问题等。

质量保证部门负责管理评审的准备工作：收集资料，在评审会议召开前质量负责人根据内部审核和质量监督整理编制管理评审计划，涵盖目的、依据、参加评审人员、评审内容、时间和方法等。评审内容主要涉及：质量手册、程序文件、标准操作程序等体系管理文件的有效性；人员技能、工作满意度和培训情况；工作完成情况和工作效率；内部审核和监督检查情况，纠正措施和预防措施的实施情况。重新确定适宜的质量方针和目标，调整资源配置，确认持续改进措施等等均为管理评审要点。

内部审核 是覆盖全部的要素、所有部门、所有场所和所有检测或相关活动。其目的是评价

小贴士

管理评审：即实验室最高管理者依据质量方针和目标，对质量管理体系的现状和适应性进行定期评价（ISO/IEC17025 2005）

内部审核：即实验室按照管理体系的程序文件对其管理体系的各个环节组织开展有计划的、系统的、独立的审查活动。

质量管理体系的符合性和有效性。与管理评审相比，内部审核更重视微观和运行中细节的问题。内部审核由质量负责人负责实施，制订内部审核计划（时间、审核次数、预订审核内容、涉及的内容或活动等）和制定工作程序（目的、要求、步骤）；训练有素的内审员依据计划和程序实施审核，并形成清晰、完整、准确、客观的记录和报告。

质量监督 是注重检测现场和操作过程、关键环节、主要步骤、重要监测任务、新上岗和转岗人员、容易出差错的环节和人员等等，对药品检测工作全过程的质量监督主要包括：检验过程中的设施和环境条件是否满足方法规定的要求；检验过程中是否选择满足客户要求和使用于所进行的检验的方法，采用保准方法之外的方法时是否经过适当的确认；影响检验结果的仪器设备是否符合《认可准则》《评审准则》和《食品检验机构资质认定评审准则》的要求，对其功能状态是否进行核查，是否定期鉴定或校准，是否进行维护保养；测量设备能否溯源到国际单位制，设备是否在鉴定有效期内使用，是否采用有证标准物质且在有效期内使用；抽样前是否制定抽样方案和计划，抽样是否在有效监督下进行；样品的处置过程、保存条件等是否满足相关技术要求；检验报告中的原始数据和记录是否一致，计算数值是否存在偏差；对新开展项目的监督等8个方面。而监督的3个关键环节为对检测结果影响大的环节，技术力量薄弱的环节和重要的检验活动，如公共卫生突发应急事件、客户投诉、实验室比对、能力验证样品检测。

质量监督的保证在于实验室首先要具备足够数量的监督员，数量应达到人员总数的10%，数量不足监督力度自然就不够；其次，监督人员要具备足够的责任心和正确的科学态度；第三监督人员要符合专业技术水平，即熟悉各项检测方法、程序、目的和结果评价，掌握操作规范和技能中的细节关键点，以及各个环节的质量要求、同时要有把握政策、法规和规范的能力；第四，要赋予监督人员足够的权利，如：发现问题，有权指责任何人，有权将质量问题准确地反馈给管理层，有权追踪纠正计划和措施，有权核查改进结果等；第五，监督人员专业知识更新速度也要符合发展的要求。

3. 实验室的持续改进

质量管理体系的建立不是一劳永逸的，能持续改进寓意着体系具备不断增强组织适应的能力，以及不断提高核心竞争的能力，因此持续改进是质量管理体系永恒的目标。

建立纠错机制的作用 在成熟的质量管理体系中，无论是内部审核还是质量监督，其目的都希望主动自发地找到问题，及时制定改进问题的措施，并且严格评价措施是否有针对性，措施的实施是否到位、有效。换句话说，CA-PA主要是针对导致偏差的根本原因展开的，因此有效的CA-PA有以下三个作用：可以保证偏差、缺陷或其他不期望的情况不再出现，或被永久纠正；防止已识别的潜在风险再次出现；对不可能根除的原因的缺陷降低风险。

> **小贴士**
>
> 纠正措施（corrective action，CA）和预防措施（preventive action，PA）：是指为了消除已发现和潜在的影响质量原因而采取的措施。CA-PA是质量管理体系的核心组成部分，其本质就是质量管理体系持续改进的过程。

如何实施有效的纠正措施和预防措施 CA-PA实施的由7个步骤来完成：分别是CA-PA的启动、评审、调查、措施制定、措施实施、有效性确认、资料整理归档和统计分析。

启动	源于管理评审、内部审核、质量监督或其他动因；源于外部审核或客户投诉
评审	确认问题的严重程度，涉及范围，风险程度，再次发生的可能性
调查	为制定针对性的措施原因调查：问题背景、问题特点、原因汇总、比对分析、风险评价（原因确定后对质管体的程度影响分析）
制定	从影响报告结论的各个环节制定措施，同时对每一项措施的预期完成时间作出规定。措施要与原因一一对应。常见的措施：培训、修订和完善质量体系文件、验证报告或者确认报告、重新制定检验方案。
实施	在实施过程中跟踪实施进度、关注措施中途有变的要向质量监督员、原因调查员和措施制定者及时反馈确保CAPA的有效性
有效性确认	标准：是否杜绝或降低了不合格事件；调查是否到位，措施制定是否充分，措施完成是否及时。跟踪是否会再次出现
资料整理归档和统计分析	完成CA-PA的有效性确认后，按时间顺序和关键步骤表述完整脉络的整套资料整理归档

CA-PA实施程序一览表

🔗 **链接：** 中国食品药品检定研究院针对影响药品检验时限的原因进行了调查，并对各种不同的原因制定了提高检验工作效率的CA-PA，这就是一个生动的可借鉴的建立CA-PA的案例。文章通过对2009年9月～2011年9月两年间，中国食品药品检定研究院办理药品检验时限变动的179种、666批次进行统计分析，结果表明其中暂缓检验占变动总数的93%，原因主要有5种；其中延时检验占变动总数的65%，导致延时检验的原因又包括4种；与此同时对撤检和退检情况都有详细原因分析，根据工作经验积累，针对不同的问题，提出了相应的解决措施。如果再将随后这些措施效果的评价、有效确认和整理存档等等加以描述，便可成为一个完整的纠正机制的教学案例。

第三节　人员培训是质量体系建设的关键

2000版ISO 9000标准通过领导作用和全员参与，阐述了质量管理体系的人力资源开发与管理的模式。"全员参与"即全体员工围绕已确定的宗旨和方向，有组织、有目标、有计划、协调有序地参与各项组织内活动。

換句話说，任何一个组织无论什么岗位，什么职务，从管理到业务，从顶层设计到技术支撑，都可能对整体目标的实现产生影响。

八项质量管理原则之一就是全员参与

1. 质量管理体系最重要的资源

在工作质量形成的诸多要素中，人是首要的。质量管理体系把人作为资源进行管理，提出了有关人力资源的理念，而且随着国际质量管理标准的逐年更新，资源的提供和合管理在质量管理体系中的重要意义不断显现。

人员的质量是指操作者所具有的质量意识、知识技术水平、技能熟练程度、工作责任心等综合素质。人员质量水平的高低不仅关系到员工个人的成长，更关系到药检领域的质量诠释。有了人的质量，才有工作和服务的质量，因此人力资源管理的成功与否，决定着质量管理体系的有效运行，决定着药检行业的健康发展。

2. 人员培训的作用

培训是一种有目的、有组织、有步骤地把知识、技能、标准、信息、信念传递，以及管理训诫的行为。

体系建设的基础　质量管理体系培训的基本目的和意义就是让各级员工明确质量管理体系要求的各个岗位的职责，理解和掌握有效的质量管理要求、方法和所需的技能。换句话说，通过培训让每个人明确自己要做什么、怎么做、为什么要这么做、遇到问题怎样采取正确的纠正措施去做等等。

链接：国家药物安全评价监测中心是中国政府邀请日本国际事业协力团（JICA）合作创立的我国第一个具备国际基准GLP机构。JICA项目实现目标的主要内容之一就是按照GLP要求进行技术及管理人员的培训，包括高级技术人员和管理人员的进修，以及中、高级技术人员的岗位培训等等。迄今为止国家药物安全评价监测中心每年都会依据国家法律法规的需要、根据人员的变动情况、程序性文件的变动情况、仪器设备变动情况，以及新技术、新方法的设定情况有计划，有步骤地对全体员工进行培训，以期适应GLP质量管理体系的建设和发展。

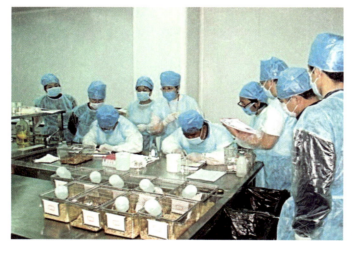

培训是质量管理的重中之重

潜能挖掘的动力　所谓人力资源是指人体内存在的一种生产能力，表现为体力、智力、知识和技能的总和。其特点是可变的、可再生的和具有主观能动性的。人力资源管理区别人事管理的核心就是后者以事为中心，而前者则是以人为中心，重点在于开发人的潜能，激发人的活力，力求使每个人都能积极主动、创造性地工作。

培训还可以通过向员工传达理念、思想、文化的信息，使员工不仅能胜任岗位工作要求，还应让员工真正感觉自己是企业不可或缺的一员，使员工的个人目标融合于组织的目标中，最大程度地发挥其潜能、智慧和力量。

可持续发展的前提　随着社会的进步，以及经济利益的驱使，需求的急增和问题的凸显，使得药品检验面临检验项目、指标、方法、数量、质量的要求都在很大程度的提升，尽快提高食品药品检验工作者的技术水平，加快食品药品检验工作者队伍建设，加大培训力度，确保人员全面发展，以保证检验结果科学、高效、快速、准确、及时，适应和满足实验室不断推陈出新、与时俱进的方针和目标的变化的需要。

3. 技术培训的要求

制定培训计划　实验室要对所有人员进行持续不断的培训，才能使他们既充分了解质量管理体系基本内容，又不断更新的要求。质量管理体系中的培训目标性极强，要结合以下因素制定每年的培训计划：如国家政策法规和监督管理的需求；体系内不同岗位设置、人员能力、工作性质；根据不同学科领域发展的需求等各方面的因素，并充分结合实验室的实际的需求。如刚刚建立的质量管理体系，培训就要偏重认证认可的法律法规，质量管理基础知识，评审准则和质量管理体系文件；如果体系运行已经比较成熟，则应重点放在新技术、新方法、新设备和新修订过的体系文件上；如果面对新上岗员工，则重心放在法律法规，规章制度，质量管理基础知识，评审准则和质量管理体系文件上等等，而培训的时间上，要安排在内、外审前，开展新工作前，体系出现重大缺陷时，体系文件被修订后等等。

丰富培训形式提升培训实效　培训的方式包括：授课、讲解、会议、交谈、考察和以工作带培训等等形式，分内部培训和外出培训两种，多以内部培训为主，外出培训为辅。内部培训的师资又分为内部师资和聘请外部专家。目前，互动式培训和跟班式培训，以及设立专向培训基地或开放实验室等等形式均可有效地、及时地解决技术滞后的现状。

培训切忌一刀切的模式，一定要把厘清员工的实际能力、岗位要求和培训要求之间的关系，即实际能力—岗位要求＝培训要求。实际能力—岗位要求＜0，则产生培训需求，并针对能力缺陷培训，否则就会适得其反。如果实际能力-岗位要求＞0，不但不需要培训，而且应该被调整到对能力要求更高的岗位。

培训形式的创新是培训体系建设的关键

不断完善培训效果评价 每次培训后都要采取适当的方式对培训效果进行评价。评价方式可包括：理论考核、操作考核、学员自我评价、监督评价、后续跟

根据需求制定计划

根据目标丰富形式

根据效果评价结果

根据评价改进培训

培训需求
培训计划与预算
培训组织与实施
培训评估

踪评价等。而后者是一种重要的，有效的，并容易被忽略的考核方式。

随着监测领域和项目的扩大和增多，持证上岗考核工作的程度和难度都在不断加大，应进一步完善考核机制，比如考核模式，试题库、认证模式等等，以适应培训动态的和不断提升的发展和要求。

培训是质量管理体系建设的关键，依据不断变化的需求制定培训计划，依据不同的目标丰富培训形式，依据培训的评估结果衡量培训的培训的效果，依据效果提升培训。

第四节　一体化管理体系建设的探讨

全国食品药品检验机构是一个整体，共同承担着食品、药品、医疗器械等检验任务。为体现技术水平整体划一，保证药品检验技术一致性和数据质量可比性，建立一个统一的，面向全国的质量管理体系是必然趋势。随着全球经济一体化迅猛发展，协调发展和资源优化配置成为关注热点；商品、服务、资本和技术越来越趋向于共融的态势；成为智能型、简约型、服务型社会的必然需求。

1. 一体化管理体系的理念

所谓一体化管理体系是由质量管理体系、职业安全管理体系、环境管理体系、财务管理体系、风险管理体系等多个管理体系，经整合后而建立的一个唯一的管理体系。各体系管理的对象、目的和关注的焦点不同，而目标是使实验室管理科学化、规范化、制度化、合理化、人性化，具备药品检验的各种能力，更好地为公众服务。

一体化的管理体系不以认证为目的，不以形式上的合并为结果，真正地实现体系内资源的合理配置，文件的有机兼容，标准的理性并行等等，总之是以质量管理体系为基础，整合其他体系。

一体化管理体系又是由无数个过程构成的系统，体系的整合实质上是过程的有机结合。无论采用何种方式，都应遵循过程增值的整合原则，剔出多余和重复的管理过程，融合交叉的管理过程，改进各个过程的有效性和效率，从而提升管理绩效。

2. 一体化管理体系的必备条件

标准兼容的趋势　由于实验室承担多个领域的检测和数据分析任务，其质量管理必须同时满足多个准则的要求，比如：国际标准化组织/技术管理局于1997年初成立技术顾问组，目的就是促使TC176和TC207所指定的管理体系标准、审核以及术语和定义获得更高的兼容性，以满足一体化的要求。标准兼容的趋势已为统一的质量管理体系建设提供条件。

药检全行业统一的培训和指导　新中国诞生后，全国各地开始筹建药品检验所，全国地市级以上的药品检验所386个，并逐步形成从中央到地方四级药监网络。目前绝大多数药检所从单一的药品扩展到生物制品、食品、化妆品、保健食品、医疗器械等等领域的检测检验。有效提升全系统检测检验能力和水平无疑是一体化管理体系建设必备的前提条件。

3. 一体化建设的要点

完善的技术体系建设　食品药品检验方法标准和技术规范是完善药品检验技术体系的关键。随着科学技术水平的提高，新仪器设备、新监测领域、新监测指标的不断拓展，势必要求加大前沿技术的研究力度，及时跟踪检测技术的发展状况；实施检测仪器的准入制度，保证检验数据的可靠性；稳定检验技术水平，保证监测数据的可比性；建立检验方法的验证制度，保证方法验证数据的公正性和可观性。

建立检验质量控制指标体系 质量控制指标是评价质量控制结果的依据，是使质量控制措施具有真正实施意义的基础。重视质控措施研究从而强化检验过程的质控；注重质控活动策划，逐步实现项目/任务管理；建立质控指标体系，完善质控评价体系。

提高人员的技术能力和水平 在实际工作中，食品药品检验工作者理论基础、技术水平、工作经验、接受培训和学习的机会以及各地区发展和设备设施水平均存在不均衡的状况。要加大培训力度，丰富培训形式，提升培训实效；强化持证上岗，完善考核管理，建立再教育机制；加强技术交流，使队伍适应时代发展的要求。

建立质量监督机制 推行网络化管理，实行全国一盘棋的协调机制；利用通用的管理模式，形成区域互补，上下呼应的，水平相当的共同发展的格局，促进各领域共同发展；开展监管方法的研究，建立长效质量监督机制；配合展开技术研究，提升质量监督实效。探索开展质量检查、同步监测、比对检测、信息共享、能力验证和质控考核等多种形式的质量监督活动。

如今，越来越多的人认识到了实验室质量管理体系的重要性，对实验室质量管理体系建设的积极探索，稳步推进，必将成为保证食品药品质量，保障公众饮食用药安全的坚实屏障。

第 五 章

检验实践与技术保障

从常规检验到研究型检验的发展，从单纯的检验检测到开展科学研究的提升，从被动的检验到主动开发新技术实现检验与监督的紧密结合，求是精神正是总结检验规律，指导检验实践，促进食品药品检验事业科学发展的关键因素。

检验实践需要检验技术作保障，检验技术的进步源自检验实践积累，两者相辅相成、互为基石，共同推进食品药品检验技术的理论与实践，在不断地求是中创新、发展，在依法履职尽责、服务监管、保障食品药品安全中发挥重要作用。我国食品药品检验机构正因为以求是精神"为民把关、为国尽责"，严把食品药品质量安全关口，而成为保障公众饮食用药安全的重要技术力量。

链接：2001年，新修订的《中华人民共和国药品管理法》第六条规定：药品监督管理部门设置或者确定的药品检验机构，承担依法实施药品审批和药品质量监督检查所需的药品检验工作。

在服务科学监管，追求科学检验的探索历程中，我国食品药品检验机构不断摸索检验规律，并以遵循规律指导工作实践。通过加强研究型检验，提升科学检验水平；通过积极参与国家重大专项攻关，在服务产业发展的同时，推动食品药品检验技术发展与进步；通过大力推进快检研究与应用，建立了监检结合的有效载体，使技术监督力量前移，更加有效地发挥支撑作用，技术保障能力持续提升。目前，全国有85个检验机构获得国家实验室认可，省级食品药品检验机构对药典品种全项检验能力基本达到100%，地市级药检机构达到85%以上。

第一节　在常规检验中坚持求是

按照法定标准对食品药品质量安全的检验活动，通常被称为常规检验。常规检验主要分为注册检验、监督检验、强制检验、委托检验、进口检验、复验等类型。不同类型的检验，既体现了食品药品检验机构的职责所在，也体现了国家强化药品研制、生产、经营、使用等环节监管，实施全过程监控，着力保障公众饮食用药安全的决心和意志。

1. 常规检验类别

我国食品药品检验机构根据各自职能不同，依法承担着食品、药品、保健食品、化妆品、医疗器械、药品包装材料等不同类型的常规检验工作，这是检验实践的重点领域，也是技术保障要求最高、技术水平发展最快的领域。

注册检验　注册检验，是药品上市前的重要技术审查环节，是评判能否上市的重要依据，主要包括：新药/申请临床研究/质量标准复核、新药/临床研究用药品检验、新药/申请生产；已有国家标准药品/申请临床研究、已有国家标准药品/申请生产；进口药品/进口注册质量标准复核、进口药品/临床研究用药品检验、进口药品/申请国际多中心临床、进口药品/国际多中心临床研究用药品检验；补充申请/申请事项（如：变更生产

专业技术人员正在开
展注册检验工作

场地，试行标准转正等）；再注册等。

　　申请药品注册检验，申请人需向检验部门提交国家食品药品监督管理总局或省级药品监督管理部门出具的注册检验通知单等文件资料；一般情况下，样品数量应为一次检验用量的三倍，且样品应包装完整，有完整标签，标签内容应符合国家局药品标签说明书相关文件规定。

　　🔗　**链接：**《药品注册管理办法》规定：药品注册检验由中国药品生物制品检定所或者省、自治区、直辖市药品检验所承担。进口药品的注册检验由中国药品生物制品检定所组织实施。药品注册检验包括样品检验和药品标准复核。样品检验是指药品检验所按照申请人申报或者国家食品药品监督管理局核定的药品标准对样品进行的检验。药品标准复核是指药品检验所对申报的药品标准中检验方法的可行性、科学性、设定的项目和指标能否控制药品质量等进行的实验室检验和审核工作。

抽样人员对生产现场进行监督检查

　　监督检验　监督检验，是打击制售和使用假劣药品行为，加强对上市药品监督的重要技术手段。药品监督检验一般指食品药品检验机构根据行政监管需要，依据相关法规及检验规范（或标准）对被检对象实施的检验活动。监督检验的主体是食品药品检验

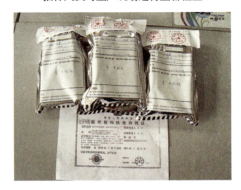

现场抽取的样品

机构，客体是监管相对人，双方具备监督与被监督的关系，检验具有强制性要求。开展监督检验，行政监管人员或监督检验工作者，必须按照相关规定进行监督抽样。

链接：《药品质量抽查检验管理规定》明确规定，国家依法对生产、经营和使用的药品质量进行抽查检验；药品监督管理部门设置或者确定的药品检验机构，承担依法实施药品质量监督检查所需的药品检验工作。抽查检验分为评价抽验和监督抽验。评价抽验目的在于，掌握、了解辖区内药品质量总体水平与状态；监督抽验是对监督检查中发现的质量可疑药品所进行的有针对性的抽验。药品抽查检验分为国家和省（区、市）两级。国家药品抽验以评价抽验为主，省（区、市）药品抽验以监督抽验为主。

委托检验　委托检验，通常指为了监督和判定其生产、销售的产品质量，委托具有法定检验资格的检验机构进行检验。委托检验包括行政委托、司法委托和其他委托等。行政委托、司法委托是指行政、司法等部门，对涉案样品委托具有法定检验资格的食品药品检验机构进行的检验；其他委托一般指企业、医疗机构为监督和判定其生产、销售、使用的药品质量，委托具有法定检验资格的检验机构进行的检验。被委托的检验机构，根据相关标准或合同约定对样品进行检验，并出具检验报告书给委托人，不作质量判定，检验结果仅对来样负责。

强制性检验　强制性检验，通常指国家法律或药品监督部门规定某些药品在销售前必须经过指定的政府实验室进行检验，合格的才准予销售的检验检测行为。实行强制检验的药品，虽已经取得了药品生产批准证明文件，如果在销售前没有经过政府实验室对其实施检验，则该销售

技术人员正在开展生物制品批签发检验

行为被认为是违法行为。欧美许多国家药事法中都有强制性检验的规定，我国于2001年开始实施，简称为"批检"。强制性检验，主要是针对一些存在安全性隐患、需要加强管理的品种（如，血液制品、生物制品等）实施上市前的检验行为。

进口检验　进口检验，是指针对进口药品的检验检测行为。包括进口药品注册检验、口岸检验和监督检验。进口药品注册检验是指国家食品药品监督管理总局指定的口岸药品检验所，对申请注册的进口药品质量标准，其有效性和可行性进行复核，以及对样品的实验室考核；进口药品口岸检验是指，对申请进口备案药品实施的监督检验行为。

复验　复验，是为了保证药品检验结果的真实准确，保护当事人的合法权益而进行的复核性检验。在对药品抽验结果有异议的情况下，当事人可以按照法律法规，向相关的食品药品检验机构申请复验。复验的样品必须是原检验机构的同一样品留样，除此之外的同品种、同批次产品均不能作为复检样品。因此，为保证当事人的权益和检验结果的公正与准确，对药品抽样时必须按照规定的要求抽取，并按规定留样。

链接：《药品管理法》明确规定，当事人对药品检验机构的检验结果有异议的，可以在规定的时限内，向原药品检验机构或者上一级药品监督管理部门设置或确定的药品检验机构申请复验，也可以直接向国务院药品监督管理部门设置或者确定的药品检验机构申请复验。受理复验的药品检验机构必须在国务院药品监督管理部门规定的时间内作出复验结论。

2. 常规检验的主要特征

常规检验在整个药品检验工作中所占比重最高，与监管结合最紧，与公众用药安全关联度最强，被认为是对药品质量安全贡献最大的检验工作。据统计，近年来全国地市级以上食品药品检验机构每年受理的检品量近100万批。2012年，全国副省级城市以上检验机构完成各类检品近50万批，其中，国家药品评价性抽验7万余批，监督抽验约17万余批，进口检验6万余批，生物制品批签发检验1万余批，医疗器械检测5万余批，餐饮食品、保健食品和化妆品检验10万余批，药品检验占比达到70%以上。

常规检验的最主要特征在于，严格依据标准检验。不同类型常规检验的产生、发展，与公众需求、监管要求和检验事业改革密切相关。以求是精神开展检验工作，贯穿于食品药品检验机构开展常规检验工作的全过程。

注册检验 药品注册检验的特点在于，除了对申报品种出具检验报告书外，还需提出产品的审核意见，为药品评审提供参考和依据。因此，药品注册检验曾被称为新产品报批检验、新药审批检验。1998年后，称为复核检验；2003年后，统称为注册检验。

2001年以前：《药品管理法》修订前（2001年），药品注册检验的主要任务是对申报新药的质量标准进行技术复核和修订，并对新药样品按照质量标准进行检验。

2001年修订《药品管理法》：2002年，根据修订后的《药品管理法》制定了《药品注册管理办法（试行）》，要求食品药品检验机构在复核检验过程中发现问题，及时与企业沟通解决，保证检验结果准确可靠，以及起草标准科学、规范、可控。这一时期，国家统一换发药品批准文号与药品包装、标签和说明书规范工作整体进行，复核检验工作量较大。食品药品检验机构在承担复核检验过程中积累了宝贵的经验，提出了许多规范注册管理的合理化建议。如针对复核检验中发现注册样品与实际生产样品不符的问题，提出强化现场核查和开展现场抽样检验，确保注册检验样品与报批样品一致。

2007年修订《药品注册管理办法》：2007年修订实施的《药品注册管理办法》采纳相关建议，并确保资料和样品真实性要求对非临床研究、临床试验进行现场核查、有因核查，以及批准上市前的生产现场检查，以确认申报资料的真实性、准确性和完整性。同时，制定了注册复核检验工作程序、技术要求、时限保证等措施，使药品注册检验进一步规范。

监督检验　药品监督检验目的在于加强对已上市药品的质量监控。主要分为计划抽验和日常监督抽验，发挥着掌握整体药品质量水平、服务药品市场监管、促使企业提升质量意识等重要作用。我国药品监督抽验实行"两级计划，三级执行"模式，即国家监督抽验计划由中央、省两级执行，省级监督抽验计划由省、市两级执行。国家药品抽验以评价性抽验为主，省级药品抽验以监督抽验为主。日常监督抽验主要服务行政监管和专项行动。

监督抽验快速筛查现场　　　　　　　　　检验工作者正在开展监督检验

　　在履行监督检验职责过程中，食品药品检验机构经历了从被动开展检验，到积极主动推进监督检验工作向规范化、法制化、科学化轨道发展的历程。

　　监管初期：1985年以前，医药经济还处于计划经济期，计划抽验工作量相对较小，监督检验任务较轻，监督检验工作处于起步阶段。这一时期，检验机构在加强监督的同时，还承担了协助医疗机构（特别是基层医疗机构）加强制剂质控的任务。

　　颁布《药品管理法》：1985年施行的《药品管理法》首次从法律层面明确了药品监督抽验工作的地位，由于这一时期药品行政监督力量相对薄弱，各级食品药品检验机构承担了主要的市场监督工作，以及全部的抽样和检验工作，科学的监督抽样模式并未形成。

　　国家食品药品监督管理局成立：自国家食品药品监督管理局成立后，药品监督检验配套规章制度、工作机制等相继建立，药品监督抽验工作分工更加清晰，计划制定更加科学，管理更加规范。特别是《药品质量公告》制度的施行，使得监督抽验信息正式对外公开，监督检验工作的权威性进一步提升，服务公众的宗旨意识更加明确。

　　监督抽验计划的制定、实施、分工，以及监督抽验工作的开展历程，清晰展现了食品药品检验机构以求是精神，推进监督抽验科学开展，提升公众用药安全保障水平的宗旨。

委托检验 作为服务性检验工作，委托检验与医药产业发展紧密关联，越来越受到各级政府、相关部门的重视，企业的欢迎。委托检验以完成服务对象的检验检测要求为目标，检验内容是与服务对象签订的合同项目，有时在检验方法和检验项目方面，与法定标准检验并不一致。因此，委托检验从一定程度上衡量着承检机构的能力水平。同时，委托检验并非法定职责内的工作，其开展情况也反映了检验机构的市场意识。随着食品药品检验领域改革的深入推进，食品药品检验机构主动开拓市场，迎接挑战的意识不断增强。如何坚持求是，向企业提供优质、公正的技术服务，成为近年来检验机构值得深入思考实践的重要课题。

医药产业发展步伐加快，带来委托检验需求增加，同时市场竞争也更加激烈，从中国食品药品检定研究院到省、市食品药品检验机构，委托检验所占比重不断增加。随着委托检验的深入开展，检验工作的视野和领域得到进一步拓宽，检验机构迈出了由"任务"走向"服务"，由"被动检验"向"主动检验"的步伐，进一步增强了检验机构发展的内在动力，也是以求是精神，推进事业发展的又一具体体现。

强制检验 最具代表性的强制检验就是生物制品批签发检验。为保障公众用药安全，我国一直将生物制品作为高风险品种实行严格监管。1952年，我国第一部《生物制品规程（草案）》出台。1979年，国家对生物制品规程修订，并出台生物制品制造检定规程，开始强化对生产菌种、毒种和半成品和质量控制。《生物制品规程》在执行1952年版、1959年版、1979年版、1990年版、1995年版、2000年版后，于2005年并入《中华人民共和国药典》，作为第三部药典，成为生物制品批签发检定国家标准。

链接：2004年6月，国家食品药品监督管理局颁布《生物制品批签发管理办法》，对生物制品实施强制检验。明确国家对疫苗类制品、血液制品、用于血源筛查的体外生物诊断试剂，以及国家规定的其他生物制品，每批制品出厂上市或者进口时进行强制性检验、审核。检验不合格或者审核不被批准者，不得上市或者进口。同年10月，国家食品药品监督管理局授权中国药品生物制品检定所以及北京、吉林、上海、湖北、广东、四川、甘肃等7个省、市食品药品检验机构承担生物制品批签发工作，并签发生物制品批签发证明文件。至此，生物制品批签发检验工作正式全面实施。

进口检验　进口检验在药品检验工作中，其特点主要体现在药品来源为进口，检验方法与国产药品的检验没有本质区别。

建国初期，我国临床用药多为进口，进口药品质量检验是当时最重要检验工作。由于国内药品质量标准体系不健全，食品药品检验机构承担进口药品检验，其依据主要是进口药品商业合同。由于最初的商业合同没有具体质量要求，或只有简单的质量指标，对于国际通用药典未收载的品种，承检单位只有请厂家提供标准或自己摸索标准和检验方法。

1965年以后，国家规定进口药品需附有详细的质量标准和检验方法。虽然有了标准和检验方法，但受国内药品检验仪器装备和检验工作者技术水平等条件限制，很多情况下，国外可行的标准和检验方法在国内无法开展，而且进口药品质量并不乐观。统计数据显示，进口药品检验不合格率曾高达30％以上。为保障公众用药安全，检验工作者以现有的技术条件，耗费大量时间和精力对进口药品检验方法进行验证和修订。在加强对国际药品标准学习和研究的同时，食品药品检验机构根据全国技术水平分布，对进口检验工作进行统筹安排，确保进口药品质量。

摸索方法开展检验，用技术克服装备落后问题，积极学习国际标准，科学统筹全国检验工作，以保障公众用药安全为宗旨的进口检验发展历程，是检验求是精神的生动诠释。

链接:《进口药品管理办法》明确规定，进口药品必须经口岸药品检验所法定检验，合格后方可进口。同时提出了进口药品质量标准复核概念。由于药品检验机构实验条件、技术能力水平存在差别，为确保进口药品质量，《药品注册管理办法》明确，进口药品注册检验由原中检所负责，口岸所承担具体的实验复核工作，并明确了不低于企业标准，不低于国际通用药典，不低于国家标准的基本技术原则。

3. 用规律指导检验实践

食品药品检验机构建立以来，特别是改革开放以来，检验机构积极探寻检验工作规律，优化、创新检验检测方法和技术，满足不同类型的检验需求。在检验实践中，检验机构坚持在检验中求是，秉持"用数据说话"，不断提升检验技术，探寻检验规律，用规律指导实践，用忠实履行药品技术监督和安全把关的神圣职责，生动回答了"怎样检验"的问题。

注册检验，重在把关

注册检验作为药品注册的技术审查环节之一，发挥着药品上市把关的重要作用，主要由省级以上食品药品检验机构承担。由于注册检验评判的是注册品种质量，反映的却是生产工艺、质量控制等方面问题。因此，注册检验结论直接影响着申报单位的经济效益。如果注册药品的质量被评判为不合格，则申报单位可能面临前期研制工作整改、工艺改进或从头再来。为尽早取得批文或减少投入，申报单位有可能铤而走险，存在从市场上购买药品送检，甚至有伪造其他资料的可能。因此，对于食品药品检验机构来说，仅根据检验数据和报批资料判断报批品种是否"合格"，存在很大的安全隐患。

为确保上市药品质量和公众健康，食品药品检验机构的检验工作者在开展注册检验、参与注册审评活动中，坚持求是精神，认真核实、严格把关，积极主动反映注册检验工作中暴露出的问题，确保上市药品质量。

链接：在原注册要求中，存在对原始资料审查不严，缺少生产现场的检查环节，送检产品真实性审查力量不够，注册环节管理不够科学等问题加强注册监管。同时，就解决审批标准偏低，企业创制新药的积极性不强，仿制品种申报数量多，低水平重复现象提出建议。

食品药品检验机构工作者坚持求是精神，有力地推进了《药品注册管理办法》修订，使获取注册样品，从"静态"企业送样，变为"动态"现场抽样，确保了注册检验样品的真实性和代表性；使复核检验程序设置更加科学，强化了对药品标准中检验方法的可行性和科学性，增强了设定项目和指标对药品质量控制的审核能力，提升注册检验标准，确保上市药品质量；开通注册检验网络平台，方便注册检验申报，增加注册工作透明度，提升注册检验服务效率，增强了注册检验把关的科学性。

监督抽验，严控终端

监督抽验目的在于加强终端药品质量的市场监控，是食品药品检验机构保障公众用药安全的最后防线。为筑牢这道防线，检验机构认真研究历年专项抽验与不良反应监测数据、市场监管数据，把制定两级抽验计划与历年质量监控数据进行紧密结合，使其安全"卫士"的作用更加突出。

确保抽验科学性 食品药品检验机构认真总结监督抽验经验和规律，并将经验和规律体现到抽验计划的制定和实施中，以科学的顶层设计，推进科学的监督检验。从抽验计划合理性、抽样程序的规范性、抽取样品的代表性、检验技术的可靠性、监督抽验结果统计分析的科学性等多个方面，深入思考、不断探索抽验工作规律，建立了中央、省两级药品监督抽验工作体系。

链接：各省食品药品检验机构积极配合省级行政监管部门，科学拟定抽验计划，组织实施抽验计划，努力提高抽验效率，推进抽验管理改革创新，努力发挥技术监督机构的重要作用，形成了提高"六率"（人口覆盖率、区域覆盖率、涉药品种覆盖率、涉药单位覆盖率、抽验时间覆盖率、靶向命中率）、抽检结合、目标检验等抽验工作特色和经验，使得混入"良药"队伍的"坏药"无藏身之地，抽验效率和作用不断提升。据统计，2013年全国地市级以上机构受理产品检验检测任务92.28万批，其中进口检验12.94万批，注册检验7.12万批，委托检验13.39万批。

确保抽验针对性 日常监督抽验与药品稽查、专项行动配合密切，检验针对性强，净化药品市场作用明显。在开展日常监督抽验工作中，食品药品检验机构以发现问题为导向，以保障公众用药安全为目标，以法定标准为依据，积极配合行政监督部门，提升了日常监督工作的权威性、科学性。随着药品市场品种增加、数量扩大，"大海捞针"的抽验模式使检验成本不断提高，工作量日益增加，且难以发现根本问题。而"高科技造假"等新情况频频出现，让常用的监管手断难以发现问题。如何创新日常监督抽验手段，更好地发挥技术监督作用，全国食品药品检验机构从2002年开始深入思考和探索，并诞生了以"便捷、快速、准确、高效"为特点检验的药品快检技术。

链接：2004年，全国第一台搭载快速检验仪器的快检车"亮相"，并开始陆续装备各省、市食品药品检验机构。目前，全国26个省、自治区、直辖市共装备快检车达360余台。通过快检车和快检技术应用，"掌握信息、快速筛查、靶向抽样、

我国第一台药品检测车

目标检验"为特点的抽验模式逐步推广应用，专项行动发现问题"难"，日常监管发现问题"少"等难题得到了有效解决。

委托检验，重在服务

对于食品药品检验机构来说，委托检验既是改革发展的必然产物，更是检验机构以求是精神不断解放思想的产物。然而，职责决定检验机构的市场意识不能等同于一般意义上的市场意识。食品药品检验机构在开展委托检验活动中，始终坚持实事求是的原则，坚持以法律许可为前提，以服务药品质量安全为重点，开展委托或合同检验，实现了经济效益与社会效益的双赢。

规范管理是委托检验优质服务的基础 随着委托检验市场需求不断扩大，业务量不断增加，各级食品药品检验机构积极研究制定委托检验规范化管理制度。通过制定了委托检验管理制度，明确委托检验时限管理，统一委托检验申请书格式，建立申报数据平台，药品委托检验服务质量得以不断提升，管理进一步规范。针对与企业签订提供产品质量检

验服务的合同，企业不送检，检验部门不上门抽验等履行合同难、存在法律风险的问题，许多检验机构主动规范合同内容，实行上门抽验，在优化服务、规避法律责任的同时，强化了对产品质量的监督。

科研能力是委托检验业务拓展的保障 随着食品药品检验机构科研能力的不断增强，委托检验内容逐步扩展到联合检测、标准研究、质控技术研究等领域。委托检验给检验机构的发展拓展了空间，提出了新的要求，同时也带来了新的课题。如何把握好责任、发展、合作的关系，在开展委托检验的过程中，发挥技术监督部门规范市场、助推医药产业发展的重要

接收委托单位送检样品

作用是检验机构开展委托检验必须认真研究的问题之一。

强制检验，严格执行

强制检验制度建立，体现了国家对药品质量安全的高度重视。严格执行强制检验制度，是食品药品检验机构以求是精神对待公众用药安全的重要实践。在开展生物制品强制检验工作中，检验机构不断加强生物制品检验、科研能力建设，提升生物制品质量控制水平，确保上市生物制品质量合格。与此同时，积极配合行政监督部门，加强上市后产品的抽验，使强制检验作用进一步延伸。据统计，每年检验机构完成近5000批、约合8亿人份的疫苗生物制品批签发工作，任务相当繁重。

🔗 **链接**：为落实国家生物制品批签发管理制度，加强生物制品质量管理，2004年以来，中国药品生物制品检定所出台了一系列规范性文件，从技术层

面规定了生物制品各品种批签发的具体要求，如抽样样品量、检验项目、检测比例、批签发时间安排、批签发方式、批签发文书，以及对企业相关质量管理和技术要求，进一步提升了批签发强制检验工作的规范性和权威性。

同时，在科技专项的支持下，食品药品检验机构积极开展生物制品质量控制标准化的系统创新研究，有效促进我国多个创新性生物制品的研发和产业化（如抗肿瘤内皮抑素、第一个戊型肝炎疫苗等），推动了相关产业的健康发展，为我国生物医药安全有效、质量水平的不断提升做出了突出贡献。

进口检验，依法依规

随着进口药品品种、剂型增多，来源更广，给进口药品检验带来了新的难题。例如部分药品检验需特殊仪器，检验方法不能替代，标准物质验证以索取、分装药品如何抽验等技术问题和管理方面的问题。在这样的情况下，食品药品检验机构以现实条件和能力水平为基础，不断探索提升进口药品质量控制的有效措施，严格依法开展检验工作，有力保证了进口药品质量安全。

在开展国际药典比对，全面了解国外药典标准，加强自身技术攻关，健全管理制度的同时，食品药品检验机构特别是口岸检验机构严格履行进口药品"为国把关，为民尽责"的职责。对取得《进口药品注册证》或《医药产品注册证》的国外生产的药品，在进口上市销售的同时，依法开展进口药品抽样检验工作，确保上市药品质量。

对到岸货物实施现场核验，首先核准进口单位在抽样前提供的资料与申报资料一致；按《进口药品抽样规定》计算数量并抽取样品，确保抽样代表性，保证口岸药品检验结果的真实可靠。对于新注册证启用后，进口药品标签上仍为已过期的旧注册证号，而新、旧注册证上检验标准不同，产品包装规格不同，有效期长于注册证规定的效期等问题，在核查、核验和抽样的全过程中，严格依照相关法规进行处理，切实维护国家利益和形象。

第二节　在研究型检验中探寻求是

以发挥技术支持、技术监督、技术保障和技术服务作用，"服务监管需要，服务公众健康"为目标，食品药品检验机构探索出了"检验依托科研，科研提升检验"的科学检验和科学发展之路。

沿着这条道路，检验机构在各类科研项目支持下，围绕质量标准、检验检测技术开展了以标准提高、重大专项、药品评价性抽验、快检技术研究为重点的大量研究型检验工作，科研能力和水平得到不断提升。2007年至今，食品药品检验机构承担国家级课题600多项，广泛参与2010版和2015版《中国药典》标准的起草和制修订，以及药品和医疗器械标准提高、药品标准统一等工作，年均参与药品标准修订复核2000多个，累计制修订医疗器械标准768个。药品快检快筛等技术研究与应用工作取得了突出成绩。

1. 药品标准提高行动

国家药品标准是一个国家药品质量控制水平的体现，提升药品标准必须依靠强大的研究型检验作支撑。食品药品检验机构作为药品标准制定工作的主要技术复核部门，以保障公众用药安全为目的，在药品标准提高行动，以及历版《中国药典》编制、国家药品标准编制过程中，不断提升国家药品标准的科学性，体现实用性和可操作性，使我国现行《中国药典》整体上接近国际先进水平，部分品种标准达到国际领先水平。

标准提高的历史背景

药品标准是保障药品安全的重要技术依据。改革开放30年来，我国药品标准体系建设伴随着医药行业的迅猛发展而快速推进。1985年，《药品管理法》正式施行，规定"药品必须符合国家药品标准或者省、自治区、直辖市药品标准"，自此国家药品标准建设工作走上法制化轨道。2001年修订的《药品管理法》明确规定"药品必须符合国家药品标准。国务院药品监督管理部门颁布的《中华人民共和国药典》和药品标准为国家药品标准。"同时，正式取消地方药品标准，标志着我国药品标准工作全面进入法制化、规范化、专业化管理轨道。2004年，国家食品药品监督管理局根据《药品管理法》和"食品药品放心工程"的总体要求，制定了提高国家药品标准行动计划，用3至5年时间，实现国家药品标准的检验技术达到国际先进水平。部署分期分批完成原部颁标准、历版药典遗留品种的标准和部分新药已转正标准的提高工作。至此，在国家政策和法律法规的推动下，药品标准提高工作全面展开。

标准提高的现实需求

地方标准提高需求　1985年《药品管理法》实施以前，我国地方药品标准由各省卫生行政部门审批，地方药品标准约占当时药品标准总数的90%以上。在当时的历史条件下，地方药品标准品种对人民群众的防病治病发挥了积极的作用。但由于各地分散审批，缺乏统一的审评原则和技术标准，审批尺度不一，宽严失当，造成地方标准药品质量参差不齐、低水平重复现象严重。那时即使是处方相同的药品，不同地区其标准也不尽一致。由于一些地方药品标准品种没有经过严格的医学和药学评价，许多品种存在着组方不合理、疗效不确切、毒副反应较大、标准水平较低等问题，严重影响着公众用药安全有效。

药品标准整顿需求 《药品管理法》实施后，在国家药品监督管理主管部门的组织下，食品药品检验机构参与了药品标准整顿行动，使4000多种地方药品标准上升为国家药品标准。然而，中药标准存在同方异名或同名异方，无专属性鉴别，无含量测定，缺乏对有害重金属、砷盐限量要求，功能主治不规范，禁忌、不良反应和注意注明事项不够全面等问题；化学药品标准则有检验方法陈旧、不专属，不能准确测定有效成分或监控杂质含量，检验项目不全，质量控制指标过低等问题。生物制品标准存在产品工艺落后、有效成分不明确、原辅料未确立质量控制指标、检验方法不完善等问题。所有存在问题难以得到有效解决，因此这些药品标准已不足以控制药品的质量，难以保证人民用药安全有效，亦给一些假冒伪劣药品扰乱市场、危害百姓生命健康以可乘之机。同时，药品标准不统一与国际惯例不相符，难以应对我国加入WTO所面临的新形势。提升药品标准，提高药品质量，保障公众饮食用药安全、促进医药产业健康发展成为药品标准提高工作的现实要求。

标准提高行动与成效

标准提高行动 2004年，食品药品检验机构在国家食品药品监督管理局组织下开始实施"提高国家药品标准行动计划"，完成了部分药品标准和《中国药典》（2005年版）附录检测方法提高工作。自《国家食品药品安全"十一五"规划》实施，国家药品标准提高逐步由阶段性工作，成为一项长期性工作。从简单地增加鉴别项目、含量测定项目，到提高检测方法的准确度、精密度；从科学评估标准，通过遵循药品质量控制规律对药品标准进行规范和提高，到配合国家监管政策、满足公众安全需求、促进产业转型升级中，发挥药品标准"监管效应"，实现中药标准提升和更加安全可控，检验机构在长期的监督检验和标准提高工作中，不断总结经验、深化认识，使得药品标准提高工作逐步由一项单一的标准工作，成为一项重大战略工程。

标准提高成效 2005年版《中国药典》共收载3214个药品标准，并形成了中药材、中药饮片、中成药、化学药品、生物制品等门类齐全的药品标准体系。同时，药品标准的科技含量大幅度提升。目前，我国药品标准采用的分析方法几乎包括了光谱和色谱领域的全部分析方法，已与发达国家的药典处于同等水平。此外，药典还大量增加了药品标准安全性控制指标，加强对高风险产品的质量安全控制，仅对注射剂细菌内毒素检查品种就增加到112种。

2010年版《中国药典》收载品种总计4567种，比2005年版《中国药典》增加1386种。食品药品检验机构作为标准提高行动的中坚力量，充分发挥技术优势，使现代分析技术在药品标准提高中得到进一步扩大应用，安全性检查项目、有效性检查项目更加完善，并积极引入国际协调组织在药品杂质控制、无菌检查方法等方面的要求和限度，使《中国药典》影响力得到不断提升，保障作用不断增强。

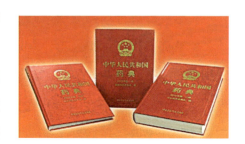

2010版中国药典

《国家药品安全"十二五"规划》要求，食品药品检验机构在"十二五"期间完成6500个药品标准提高工作，其中化学药2500个、中成药2800个、生物制品200个、中药材350个、中药饮片650个。提高139个直接接触药品的包装材料标准，制订100个常用直接接触药品的包装材料标准。提高132个药用辅料标准，制订200个药用辅料标准。

链接： 在中药方面，食品药品检验机构进一步加强了中药标准化建设，完善技术标准体系，探索建立中药材来源、生产工艺和检测指标相结合的质量控制模式。中国食品药品检定研究院专门组建了一支独立的中药检验体系，建立了中药、民族药和天然药物检验科室，并聘请了蒙、藏、回、维等药学专家从理论、炮制等方面进行论证研究，

国家药品评价性抽验报告书

力求在提高标准的同时，充分尊重和体现民族药的特色，促进产业健康发展。标准修制订，坚持以我为主的原则，发挥中医药优势技术，多数省市的检验机构制定了地方中药炮制规范，逐步建立我国在国际植物药标准领域的主导地位，使《中国药典》国际影响力进一步扩大。

2. 药品评价性抽验

传统的药品检验工作任务，在于依法检验并出具准确的分析数据。然而，由于技术水平限制，符合标准的药品有时也存在潜在的风险。为找出这些合格的"坏药"，食品药品检验机构在做到检验数据准确可靠的同时，还需要从数据中获取更多的质量信息，为监管和解决产品质量问题提供依据。因此，从常规检验工作向质量评价方向转变，从常规检验数据中尽可能地提取有用信息，从大量信息中去发现、解决问题的药品评价性抽验，成为重要的研究型检验工作。

开展评价性抽验的必要性　长期以来，国内药品生产企业多以生产仿制药为主，低水平重复较严重。受研发、生产水平限制，许多药品质量问题，往往是在上市之后才逐渐暴露出来。同时，市场上还存在一些

"合格"的"假药"、"劣药"。这些潜在的风险和质量问题，对公众的用药安全构成隐患，扰乱了市场秩序，制约了医药产业的发展。因此，开展药品评价性抽验，重点在于解决两方面问题。

掌握评价性药品的质量状况：评价性抽验是对上市后药品质量的评价。被评价的药品通过抽验方式获取，并保证样品来源为上市流通药品。开展评价的依据主要是法定药品质量标准，保证了评价依据的同一性。通过质量比较、考核，更深入地掌握被评价药品的质量状况、与国内外药品的质量差距等。

发现已上市药品的潜在问题：配合药品安全监管工作需要，评价内容围绕药品安全性、有效性和稳定性，用现代质量控制的理念、思路、方法进行探索性研究，突破了传统的质量考核模式，对现行标准不能发现的问题进行深入查找，将隐藏的劣药和违法违规行为揪出来，起到提高药品质量，保障公众用药安全的重要作用。

评价抽验工作发展历程　2001年，国家药品抽验计划中首次提出评价性抽验，并将其与监督抽验并列。明确由中国药品生物制品检定所统一组织对抗高血压类药品进行抽验和评价，根据该类药品品种和生产情况由各省级或其他食品药品检验所承担检验任务。对高血压药的质量重点评价，开启了我国药品质量评价研究工作的历史。2002年，开展了β-内酰胺类抗生素口服制剂评价性抽验，评价性抽验工作逐步常态化。2007年以前，我国在药品质量评价工作中取得了一定的成效，但仍处于探索阶段，药品抽验工作的重点在于一般性药品计划抽验和以配合行政监督、专项整治的监督抽验。其管理机构为中国药品生物制品检定所药检处，经费由国家划拨，抽验任务根据药品监管需求制定。自2008年之后，我国药品评价性抽验工作在中国药品生物制品检定所技术监督办公

室的牵头下全面展开。抽验经费包括局本级和中央转移支付地方，有力保障了评价性抽验工作在全国各级食品药品检验机构的开展。截至2013年，全国共完成了867个品种的药品评价性抽验工作，检验样品约15万批。

🔗 **链接：** 2008年以前的抽验工作特点：① 抽验品种以临床使用量大、易出现质量问题的品种为主，高风险药品和中药注射液为辅，品种较为单一；② 抽样队伍不稳定，多为临时组建；③ 抽验采取属地抽样、属地检验的方式进行，主要评价内容为药品标准的符合性，评价报告多限于对检验合格率的通报。

2008年，各级食品药品检验机构设立了监督科（处）。抽验任务采取了广泛征求监管部门、医药专家、研究机构等方式，比以往更加科学，并明确以基本药物、高风险药物和中药注射液为主，结合不良反应严重和质量存在潜在风险的药品的抽验思路。抽验工作发展为"分散抽样、集中检验"模式，样品来源的广泛性、代表性更强；评价工作发展为标准检验与探索性研究相结合，法定检验与质量评价并重、有效性与安全性检测并重、质量控制与风险检测并重模式；报告方式由检验结果报告发展为与多参数、多层面的分析质量评估报告。与此同时，抽验信息化手段进一步提升，基本药物评价抽验品种增加到150个，其他品种增加到50个。自此，抽验工作逐步走上了常态化、规范化轨道。

评价性抽验促进药品质量提升 发现并解决上市药品的质量问题，是开展药品评价性抽验工作的重要目的。

突破标准：为发现上市药品潜在风险，保障公众用药安全，在开展药品评价性抽验工作过程中，食品药品检验机构改变传统提供准确分析数据的思维，在系统分析常规检验数据，获取药品质量信息的基础上，突破标准、增加检验项目、方法，采取多种技术手段进行探索性、深层次研究型检验。

🔗 **链接：** 对一般原料药除按法定标准检验外，增加检测一、二类有机溶媒残留量检查；对有晶型的原料增加了熔点、红外光谱检查、差热分析和X衍射等检验；对制剂增加了有关物质检查；对于水溶性差的溶剂，增加了溶出度检查；缓释制剂增加对释放度考察等等，主动查找药品潜在质量问题，促进药品质量提升。

问题导向：以突出问题为导向，开展评价性研究，找出潜在的、现行检验标准不能检出的质量问题。针对多批次注射用头孢曲松钠"可见异物"不符合规定现象，中国食品药品检定研究院组织开展头孢曲松钠与丁基胶塞相容性研究。研究得出胶塞中释放的抗氧剂BHT与头孢曲松钠形成了不溶复合物，是导致浑浊的根本原因，并将研究结果及时上报行政监管部门，使这一问题逐步得到解决。针对注射用头孢哌酮钠澄清度和含量测定抽验不合格率比较高的问题，检验工作者坚持以抽验分析数据为依据，排除生产企业认定的流通领域保存不当，未按要求在阴凉库保存等原因，发现采用冷冻工艺，其稳定性相对较差，含量下降迅速才是主要的影响因素。为企业采用结晶工艺，提升产品稳定性指明了方向。

由点到面：从零散问题中发现普遍性问题。检验工作者以评价性抽验工作为载体，从不同角度分析药品质量，从大量数据中发现普遍问题，排除出潜在风险。

链接：检验工作者发现化学药品片剂中溶出度不合格情况较普遍，通过研究规格在10mg以下含量均匀度不符合项，找出片剂生产工艺的普遍性问题，改进了药品生产工艺，使产品质量得到显著提高，产品不合格率显著下降。在评价性抽验中，还发现了许多标准存在着专属不强性，药包材影响药品质量等问题。

3. 重大专项引领技术发展

科学开展检验工作，满足公众饮食用药安全需求和监管需要，必须把科研工作放在重要位置。这是形势的要求，也是食品药品检验机构以实事求是的态度，科学调整检验工作思路的体现。

链接：在中国食品药品检定研究院的带动下，全国食品药品检验机构对科研工作的重视空前提升。很多省级以上食品药品检验机构设立科研处（科、所），把科研作为提高检验能力、促进检验技术创新的重要基础，制定科研管理制度，加大对科研人员的奖励力度，调动科研人员创新积极性，促进自主创新能力，使"检验依托科研，科研提升检验"成为全系统共识。特别是2008年国家启动的"重大新药创制"和"艾滋病肝炎等传染病防治"两个重大专项以来，80%以上的省级食品药品检验机构、口岸食品药品检验机构参与了课题研究，并发挥了重要作用。

"化学新药质量标准研究与评价技术平台"课题进展会

　　重视与服务监管、保障安全相结合：为解决中药安全突发事件、中药材及饮片外源性有害残留频频曝光等问题，中国食品药品检定研究院将中药材种植科学化管理、检验系统化和中药风险评估体系建设，建立农药及有机污染物多残留检测、重金属、真菌毒素及辐照检测、贵细类中药材掺伪造假、动物类中药材、染色增重等多项检测技术平台以及农药、化肥使用、硫磺熏蒸、辐照灭菌和储藏等技术和规范的制定工作，作为重大专项研究内容，加大攻关力度。推进了以限量标准制订为核心，探索适用于中药的有害残留物风险评估模式，建立中药中有害残留物风险评估体系，制定风险评估规范，最终实现"生产规范、检测平台和风险评估"三位一体的以控制为目标的研究，得到了评估专家认可。

　　链接："中药标准物质研制和开发的技术平台建设"课题完成130个中药化学对照品，为《中国药典》解决了新增急需品种问题，并作为国家药品标准物质广泛应用于药品生产、科研和新药研究，同时为世界范围的植物药、天然产物进行质量控制起到了重要的保障作用。课题完成30个疑难对照药材品种的研究和制备，解决了长期以来因疑难对照药材品种缺乏而导致的相关问题。平台运行为中药标准物质的研究提供了重要保障，形成的标准物质，为中药生产的质量控制及中药新药研究提供了有力的支撑。

重视高危产品的质量控制研究：建立了10余种传染病疫苗的20多项质量控制标准、30多种检验方法和15种标准品（参比品），其中甲型H1N1流感疫苗血凝素含量测定方法及EV71抗原抗体参比品为国际首次建立；部分质量标准和检测方法纳入中国药典或企业注册标准；完成了9种国家免疫规划疫苗、3种细菌性疫苗和5种病毒性疫苗质量标准提高工作并纳入中国药典；完成了2项疫苗研究技术指导原则，初步建立了疫苗Ⅳ期临床、上市后评估及疫苗稳定性指导原则草案，为疫苗研发和临床研究提供指导规范，特别是促成了甲型H1N1流感疫苗早日上市和EV71疫苗临床批件的获得。

链接："十一五"和"十二五"期间，中国食品药品检定研究院积极承担国家科技重大专项课题"艾滋病和病毒性肝炎等重大传染病防治"项目中艾滋病疫苗中和抗体检测能力研究，建立符合国际标准、适合我国感染人群特点的假病毒库，适用于我国艾滋疫苗临床评价。

在中国食品药品检定研究院带领下，全国食品药品检验机构积极承担"艾滋病肝炎等传染病防治"、"重大新药创制"重大专项、"863"、支撑计划、国家自然科学基金、科技基础性工作等科技任务，为药品安全监管提供了坚实的技术支撑条件。

第三节　在技术进步中强化求是

随着我国经济社会发展，公众健康需求持续增长，影响食品药品质量安全的不确定性因素也随之增加。为适应不断变化的食品药品安全形势，食品药品检验机构不断创新思路，积极加强技术研究，开发各类新型检验技术，最大限度满足保障公众饮食用药安全需求。在满足技术进步中，检验求是进一步得到发展和强化。其中，药品快速检验技术的出现既是技术进步的产物，更体现了食品药品检验机构检验求是的精神和理念。

1. 快检技术的研究概况

快速检验技术是指采用简便、快速的方法对待测物进行检测，并迅速初步判断的一系列技术，多用于现场监控和初筛。在药品监管领域，WHO从上世纪80年代开始药品快检基础测试研究，用于真伪鉴别，但涉及的品种和方法极为有限。经过长期技术积累，我国的药品快检技术不断发展。

快检技术产生的背景　国内外对药品上市后的监督手段主要有两种：不良反应监测和药品监督抽样。药品不良反应监测工作主要是收集、整理、反馈不良反应信息。药品监督抽样主要为了保证上市药品的质量安全。药品监督抽样无论是计划抽验还是日常监督抽验，都需要检验检测资源和经费作保障。然而，随着经济社会的发展，我国正处于药品安全风险的高发阶段，公众用药安全需求不断提升，传统的监督抽验已让检验检测资源不堪重负。同时，监督与检验完全分离的模式，使得检验检测工作对监管工作的支撑作用降低。严峻的药品安全形势要求必须加大监督抽验的覆盖率，科学监管的理念要求必须建立更加科学、高效的、监督与检验相结合的监管模式。在这样一个大背景下，快检技术在中国食品药品检定研究院的统一领导下应运而生。

快检技术发展历程　我国快检技术的发展，整体上历经了外观鉴别到快检箱理化鉴别，再到药品检测车集理化与仪器鉴别的发展历程。同时，由于医药经济发展水平不同，监管侧重点不同，快检技术在不同地区研究重点和应用模式不尽相同，但快速准确的要求和严谨、科学的态度，强化监管的目标是一致的。

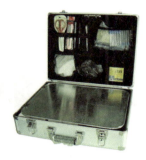

第一代检测箱　　　　　　　第二代试剂盒　　　　　　第二代检测箱

最初的药品快检方法为外观鉴别，是监督人员在掌握相关知识，积累相关经验基础上的主观判断，体现在对中药材及中药饮片的鉴别方面，还不能称为真正意义上的快检。上世纪80年代起WHO开始基础药物测试研究，主要是颜色反应、沉淀反应及TLC鉴别等技术手段。1996年，中国药品生物制品检定所组织山东、武汉等检验机构选择当时市场上出现频率最高的9个品种23个制剂进行快检方法学研究，经过反复试验和验证，建立了相应的鉴别方法，形成了以薄层色谱法等为重点的理化快检技术。本世纪初，中国食品药品检定研究院提出了将理化快检技术与近红外等快检技术结合，并建立移动实验的构想。2003年11月，在党和政府的高度重视，国家食品药品监管局的大力支持下，中国食品药品检定研究院牵头，全国20多个省市食品药品检验机构共同参与，研制出了第一台具有中国自主知识产权的药品检测车以及第一批车载快速检测方法。该车在外观鉴别和快检箱的基础上，集"药品鉴别系统"、"药品鉴别辅助信息系统"于一体，先进的"药品鉴别系统"可进行外观鉴别；相应试剂的配备可进行化学反应鉴别；高效薄层板的配备可进行薄层色谱鉴别；车载近红外光谱仪可进行快速、高效、无损伤的定性和定量分析；"药品鉴别辅助信息系统"可方便查询药品注册信息，外观包装及常见假劣药品信息。2009年，随着绿色快速HPLC系统的研发，具有我国自主知识产权的第二代药品检测车已研制成功。

迎亚运净环境药品"快筛快检"显神威活动　　　　　　"快检箱"参与日常监督

🔗 链接：2004年以来，国家为各省（市）、市（州）装备药品检测车400余台。与药品检测车配套使用的2008年版《药品快检工作手册》，收录了中成药快检方法182个，中药材快检方法229个，化学药品快检方法503个；收载近红外模型：定性模型441个（涉及品种453个），定量模型93个（涉及品种79个），品牌药品一致性检验模型120个。近红外模型库中已有国家基本药物定性分析模型82个品种；定量分析模型37个品种（另有5个水分测定模型），基本覆盖了基层农村的常用药（其中国家基本药物的品种有198个，制剂392个）。同时，车载信息系统包含了国家局批准的所有最新国产药品批准文号信息近20万条。

2. 快检技术应用与成果

药品检测车在全国配备后，各地因地制宜，积极探索，在运行管理、政策支持、抽验机制改革、科研成果及产业化等方面取得了显著成效，形成了各自特点。

品种数量 经过近十年的发展，快检技术的应用取得了显著实效。直接表现在扩大了覆盖范围，增加了筛查品种数量，提高了监管效能，降低了检验成本。据不完全统计，从2006年3月至2009年12月，全国药品检测车共检查涉药单位32万余家，筛查药品106万余批次，查出可疑药品14万余批次，经法定方法检出不合格药品5万余批次，初筛阳性率36.50%,总体不合格率4.94%，节约近90%的费用。

重大事件 快检技术在重大事件中起到了积极作用。在2006年"齐二药"事件、2007年全国打击假人血白蛋白的专项行动中，快件技术发挥了至关重要的作用；在2008年南方雨雪冰冻灾害中，把住了基层药品安全关；汶川大地震后，在当地药品检验所无法正常开展工作的紧急情况下，药品检测车对救灾捐赠药品进行快速检测，确保了灾区用药安全；北京奥运会、广州亚运会等重大活动赛事期间，对运动场馆、接待酒店、商业中心等周边地区涉药单位进行巡查，确保了公众用药安全。

国际影响 快检技术在国际上产生了影响。快检技术作为加强药品质量控制，提升监管效率的技术手段，被中国、美国、俄罗斯、英国、泰国等国家以及世界卫生组织高度重视。经过多年的探索和发展，我国快检技

首届国际药品快速检测技术论坛

术研究和应用已成为政府药品检验机构的基本职能和基本能力之一，并在技术积累和应用等方面走在了世界前列。

2011年，美国FDA到广东所交流

快检成果　快检技术研究获得发明专利数十项，出版专著数部，发表论文200余篇。完成了多项国家级、省市级重大科研课题以及世界卫生组织项目。截至2012年底，广东省食品药品检验机构共获国家发明授权23项；省科技进步二等奖、三等奖，省优秀专利奖、中国优秀专利奖各一项；湖北省食品药品检验机构共获得省科技进步二等奖1项、市科技进步一等奖1项、二等奖3项、三等奖2项。

🔗　**链接：**湖北省作为我国首台药品检测车的试运行所在地，在快检车运行管理和快检技术应用方面，积累了较丰富的经验。① 建立了监检结合的运行模式。建立了"监督检查、初筛取样、快速检测、靶向抽样、目标检验、行政处罚"的检测车运行模式，并引发和拉动了药品抽验机制的改革。② 建立科学的考核办法。"依项计分、因素权重、动静相宜、监检结合、三级联动"抽样考核办法。按监督抽验流程设置《药品质量抽验工作考核细则》，既考核技术监督的抽样、检验情况，又考核行政监督的监督检查、立案查处情况。省、市、县三级自上而下逐级考核下一级，从抽验任务完成、工作质量、抽验绩效以及检验检测方法创新等方面。③ 注重培训和创新。 每年至少进行一次全系统的集中培训，随时接受市州所实验室现场培训，推进技术更新。每年举行一次快速检测方法交流及评审，激发全省食品药品检验机构专业技术人员的创造性。2007年以来，湖北省院共编印了《湖北省药品快速检测方法汇编》7册，计267个品种方法。

快检技术培训会

湖北省药品快速检测方法汇编

3. 快检技术发展展望

快检技术应用以基层为主，将基层作为快检应用的重点领域优先发展。广大农村市场作为药品安全水平相对薄弱的地区，也是监管面最大的地区。因此，充分了解基层监管对快检工作的需求，加强在基层监管的应用。同时，快检技术作为一种技术，在基层监管方面，提升监管效率，扩大初筛比例，提升监管科学性等的优点。也要认识到快检并非万能，并非用在什么地方都"合适"，要根据实际情况，配合其他手段和技术，坚持求是精神，有的放矢地发展快检。

快检技术的研究与应用要进一步明确快检职能需。一方面，明确各级药检机构快检研究职能，并考虑到药品检验提质、减量、增效、环节前移的发展趋势，增加快检技术在检验业务工作中的比重，将大量用于事后检验的技术资源节约出来，转化为推进快检研究应用的资源。另一方面，要明确快检应用职责，提升从事快检工作者的积极性和主动性，不断扩充、提升和完善快检方法。同时，以求是精神，从检验技术、信息技术、管理技术等方面全方位认识和发展快检，为快检技术提供更加广阔的空间。

快检技术的研究与应用还需要准确把握监管总体要求，充分掌握基层监管实际情况，科学分析，做好"顶层设计"，健全快检工作体系，为长远发展打下坚实基础。

建立快检方法管理体系　制定快检技术方法研究指导原则和技术要求，建立技术方法评价标准和评价机制，有组织、有计划地发展快速检测关键技术研究，形成技术体系，搭建技术共享平台，开展快检方法学研究。

健全快检方法研发体系　组织全国食品药品检验机构开展系统性、针对性研究，鼓励相关技术成果产品化、试剂化、仪器化，鼓励运用市场资源开发快速检测试剂盒、快速检测箱、移动快速检测设备等技术产品，形成机制统一、有效运转的研发体系。

完善快检方法培训体系　完善国家级、省级和市级三级培训体系，建立快检方法培训推广平台。国家级培训体系主要培训各省技术和执法人员，省级培训主要针对市级监督执法机构和技术人员，市级培训主要针对县级监管执法人员，重点是快速检测方法的实际应用。

构建快检方法的基层应用体系　建立全国快检方法应用平台，制定统一的操作规范和流程，指导监督执法人员规范使用、规范执法。各地结合实际统筹推进辖区内的推广应用工作。

　　快检技术的研究与应用，在政策上国家给予了极大的重视和投入；在技术上其理论、方法和仪器设备已日臻完善；在应用上以检测车为载体的快检技术的应用已经直接或间接地显现出了其良好的社会效应和经济效应；在成果上以快检技术创新促进理念、机制、体制创新的实践和理论硕果累累，大批人才脱颖而出。快检技术在维护公共健康方面已显现出的应有作用，这是我国食品药品检验机构践行科学检验精神的生动体现。

　　在求是精神的指导下，食品药品检验机构在服务科学监管、服务公众健康的道路上，履职尽责的实践正酣，探索规律的步履正疾。食品药品检验工作者将以更大的决心、更强的信心，高效的检验实践与科学的技术手段，确保广大人民群众的饮食用药安全。

第六章

应急检验中的求是要求

应急检验是一项具有明确时限的特殊检验。随着近年来食品药品安全突发事件频发，食品药品检验机构在临危受命时牢记求是，在破解难题中依靠求是，在探索方法时坚持求是，最终打赢了一场又一场应急"战役"，用实际行动捍卫了人民群众饮食用药安全。

食品、药品、保健食品、化妆品以及医疗器械，总称"四品一械"，其安全惠及民生。近些年，这类安全突发事件俨然成为公众与媒体关注的焦点。作为国家监管的技术支撑，快速有效做好应急检验工作已成为食品药品检验机构的重要使命。而应急检验的根本目标就是"求是"，用准确的数据说话，探寻应急检验的内在规律，挖掘安全事件的发生原因。如何以求是精神做好应急检验工作，是食品药品检验机构需要认真回答的重要课题。

第一节　应急管理的起源与发展

"饮水思源"，万事万物的产生与发展都存在一定之规，这是求是的追求；探寻规律之所在，必须从源头开始。通过探寻应急管理的起源与发展、应急检验的特殊性，以及终极追求，对应急管理形成初步认知。

1. 应急管理的起源与发展

应急管理是人类主动地、正面地去应对已经产生或极可能产生危害的各种突发事件，通过人类对自然规律研究的不断深入并逐渐发展完善。它最早产生于军事和国家安全领域，后来被推广到社会安全的各个方面，包括自然灾害、事故灾难、公共卫生事件、社会安全事件等。

应急管理学说，上可远至古代，经过近代不断探索与经验累积，到当代社会已经逐步完善与成熟。

古代的雏形阶段　对于安全突发事件的应急管理可以溯源到古代。在人类发展的历史中，积累了大量应急管理的实践经验，并形成一些最初的管理思想。如上古时代就有诺亚方舟应对大洪水之说，反映了在突发情况下，人类寄希望于神话事件进行应急管理的美好夙愿。但是古代并没有提出明确的应急管理理念，尽管如此，古代突发事件是客观存在的，当时人类面对这些事件所采取的措施可以被认为是应急管理的雏形，这时的应急管理呈现的特点就是临时抱佛脚地简单应对。

近代的探索阶段　近代，应急管理在理论研究与实践应用方面均有了长足发展。如在群体性事件中人员的疏散问题，就有了很多相应的方法、模型对其描述，并提出解决思路。但在这个阶段，总体说来应急管理理论与实践还不完善，仍属于探索阶段，这时的应急管理呈现的特点就是单一部门应对、临事应对、经验型管理应对。

现代的完善与成熟阶段　现代的应急管理诞生于西方发达国家，以政府设立专门的管理机构为开端。早在1979年，美国成立联邦紧急事务署，该部门由专业机构在各自领域内单独应对突发事件的历史，转变为国家层面对资源进行统一协调，这标志着现代应急管理在美国正式确立。随着时间推移，危害较大的突发事件在全球范围内不断上演，如2004年印度洋海啸事件，2011年美国9·11事件等。总体说来，这一阶段属于应急管理的完善阶段，并日趋成熟。这时的应急管理特点为：应对主体已从过去的单一部门走向多元化；应急管理资源已从分散管理走向集成化管理；应急模式已从非常态应对走向长效管理，重视预防工作；应急管理策略由经验型管理走向科学策略型管理。

小贴士　美国联邦应急管理署隶属国土安全部，总部设在华盛顿，在全国各地建有办事处，4000人随时待命应对灾害。

2. 世界发达国家应急检验管理经验

发达国家的应急管理体系建设起步早，经过近百年的不断改进，已形成较为成熟的应急管理体系。就药品突发安全事件而言，包括假劣药品、已知和未知的药品不良反应、不良用药等导致的药害事件。据WHO报道，假药约占世界药品市场的6%左右，多数发达国家具有有效的调节系统和市场监管机制（如美国、日本等），其市场销售的药物中假药比例低于1%；而制假行为大都发生在发展中国家，份额在10%到30%之间。但事实上，发达国家在经济发展过程中也都出现过各类药品不良事件。

▶ **案例**：拜斯亭是德国拜耳公司生产的治疗高血压的抑制素。该药品在上市前的实验与评审中，并未发现任何危险因素，但大剂量的拜斯亭与吉非罗齐等其他降脂药物合用可能导致横纹肌溶解，从而出现生命危险，至此FDA才认为别无选择而督促拜耳公司对拜斯亭进行了撤市，FDA在此次事件中的迟缓反应显而易见。

时至今日，发达国家基本走出应急突发事件的阴影，"问题药品"的比例已经降到很低水平。这主要得益于企业自律性提高、监管效率高和应急管理体系不断完善成熟。通过对发达国家的应急管理经验进行分析和梳理，可以看到六大优势，这也为建立符合我国国情的应急管理体制提供了行动参考。

重视法律体系建设，系统性程度高　发达国家的突发事件应急管理模式各具特色，但都将法律体系摆在基础性地位，注重应急管理法律体系的系统性。药品安全相关法律法规完备，政府在宪法中对突发性事件应急管理作了许多总体性规定。相关法律对应急管理过程的各个层面，形成了比较详细科学的规范，门类俱全。同时应急法律体系专业化，针对各种具体的紧急情况，政府出台许多单行法，并设置应急管理的专门机构作为核心，执法程序制度化、规范化。这就为实现高效的药品应急管理提供了强有力的后盾。随着经济的发展和社会的进步，发达国家不断对法律法规进行增订和修订，使其更加科学实用，有效地保证了食品药品的安全。

重视应急管理组织体系建设，明确职责分工　如美国FDA内部设立了危机管理办公室，负责在危机发生时制定应急计划并指挥所有FDA的相关活动。危机管理办公室下设应急运行中心，是具体的行动中枢。同时，FDA内部还根据应急运行需要设置了与危机管理办公室平行的有关信息、法律、国际事务等一系列配套机构，为应急事件的处置提供人力、装备、技术和信息方面的支持，并规定了这些机构在紧急状况下的具体职责。此外，政府与民间团体之间、联邦政府与地方政府之间协同合作，建立了比较完善的应急管理组织体系，保证在突发应急事件中，各级政府和非政府组织都在应急管理中承担各自职能，充分调配各种社会资源，形成了高效的应急管理合力。

注重药品安全管理能力建设，专业化水平高　在查明药品突发事件的原因并及时处置的过程中，涉及详细的线索掌握、全面的数据收集、科学的实验检测、准确的信息比对、权威的研讨定论等一系列程序，对决策者和执行者的能力要求极高。为了加强应急管理能力，发达国家的药品监管机构注重在机构内部建立应急处理队伍和专家队伍，配备大批技术精湛的高度专业化人员，包括化学家、微生物学家、毒物学家、病理学家、药物学家、分子生物学家、流行病学家、数学家和公共卫生学家等，以备突发紧急事件时，能准确进行分析判断，在检测分析、原因查找、风险评估等环节充分发挥作用。

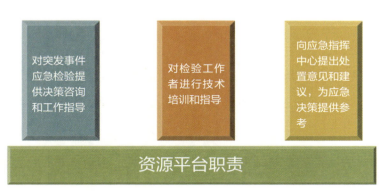

对突发事件应急检验提供决策咨询和工作指导

对检验工作者进行技术培训和指导

向应急指挥中心提出处置意见和建议，为应急决策提供参考

资源平台职责

重视药品检测技术建设，前瞻性技术能力储备丰富 随着世界范围内药品安全突发事件越来越复杂化，发达国家加快进行跨学科、跨领域的研究，加强重大科技攻关，发挥科技在应急处置工作中的作用，提高应急管理的技术含量。他们积极关注国内外假劣药品的新动向，有针对性地研究建立快速检验方法、有害物质的筛查方法等，不断跟踪新检测技术和快速检验方法并加以实践，对药物原材料、原料药、合成中间体、药物制剂、药物杂质和分解产物、包装材料等多个方面进行了研究，建立检测方法库，不断扩充检测方法，提高解决复杂疑难问题的能力。

重视应急管理信息系统建设，拥有现代化高新技术装备 面对各类复杂突发事件，及时准确地收集、分析和发布应急管理信息，是科学决策的前提。许多国家都把利用最新信息通信技术和建立信息共

享、反应快速的应急管理信息系统作为应急管理体系建设的重要部分。一些发达国家的应急信息系统建立在数据库系统、卫星现场图像实时传送系统和卫星定位系统、无人值守机房集中监控系统、遥感系统以及视频系统等之上，从而建立统一的信息接收和处理平台，实现互联互通和信息资源共享。

重视应急事件舆情监测研判，信息发布及时透明　随着当前信息化的快速发展和互联网、手机等通信工具的普及，药品突发安全事件已能够在第一时间呈现在社会公众面前。透明、公开地披露政府的应对措施、事件的调查进度等内容，可以达到稳定社会秩序和公众信心的目的。同时，有助于公众对政府的监督，提高各级食品药品监管机构的管理能力。发达国家建立并健全突发药品安全事件的应急新闻处置机制，往往有专门的部门负责舆情监测研判，协调相关部门的答问口径，及时进行舆论引导，并对应急处置工作组织宣传报道，充分体现出政府在危机应对中的社会责任感，从而为妥善处理危机创造良好的氛围和环境，达到维护和重树政府和药监部门形象的目标。

3. 以求是精神加强国内应急检验管理

遵循应急管理的指导思想，深入分析体系所需的全部要素，搭建快速有效的应急检验管理体系，是应对食品药品突发事件检验中的求是精髓。

搭建应急管理体系必须遵循明确的指导原则　应急管理的指导原则，是提高政府应对突发公共事件的预警能力、组织能力、处置能力和救治能力等行为准则。制定应急管理指导原则必须围绕"以人为本，减少危害；依法制定，加强管理；快速反应，协同应对；依靠科技，提高效率"四个方面。应急管理的核心思想在于用科学的方法对应急事件的事前、事中、事后发展加以干预和控制，同时有效集中社会各方面的资源，使其造成的损失最小。

应急检验管理体系是由必需要素组成的　要素是构成事物所必要的因素，在应急管理中，要素就是组成管理系统的基本单元。以药品应急检验为例。

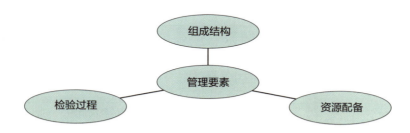

应急检验是一种特殊的检验，它有别于常规检验的特点。

序号	项目	常规检验	应急检验
1	检验时限	有法可依	时效很短
2	检验依据	法定标准	经常建立补充检验方法
3	检验项目	按法定标准 全检或部分检验	常规项目以及补充方法项目
4	人员要求	仅需相关药品检验工作者	需多学科综合性人员

药品应急检验管理，在我国主要是"一案三制"管理框架，其组成结构包括事前、事中、事后各环节，各要素间互为联系。完整的应急管理体系包括法律法规、应急预案、组织机构、条件保障、预警监测、信息发布等方面。

在应急检验过程中，大多数应急检验案例均紧紧围绕最终目标（即查到药害元凶及在一定范围内排查隐患）而展开检验，对药害原因的技术排查步骤具有一些共同的规律，这些规律也就是指导应急检验的实施思路与步骤。根据案例特点，可以将药品应急检验工作分为两类。因此，对这两类情况可分别形成针对性的管理实施方案，建立行动指南，指导应急检验相关工作。

开展应急检验

序号	类别	典型案例	特点
1	药品安全突发事件引发原因不明	假辅料案例"齐二药"事件，违规操作案例"欣弗"事件等	药害事件的起因不明，但属于单一药厂行为，由一个食品药品检验机构应对
2	药品安全突发事件引发原因清晰	群体性案例"塑化剂"、"铬超标胶囊"事件等	药害事件的原因清晰，一般已有媒体事先报道事发原因，涉及范围广，社会影响大，属于群体药厂行为，由整个食品药品检验机构全体应对

非同于常规检验，应急检验是"急"字当头，因此完备的资源配备是处置应急检验的关键点。药品应急检验中，信息、人才、仪器、方法、外部资源等比较匮乏，有针对性加强药品应急检验技术储备，可有效提供应急检验预案和管理行动指南中所需的辅助资源。

第二节　食品药品应急检验管理的发展历程及现状

我国是社会主义发展中国家，正处于社会转型、各种矛盾凸显的历史时期，一些深层次的问题开始呈现。2006年"齐二药"、2014年福喜等食品药品安全突发事件，引起党和国家的高度重视。在机遇与挑战中，我国应急检验管理逐步形成了在国家食品药品监督管理总局的领导和中国食品药品检定研究院的指导下，全国检验机构联动的趋势。在这个过程中，求是像是一盏明灯，与应急检验管理的全程紧密相连，并指明了它的发展方向。

1. 我国药品应急检验管理历程

单兵作战阶段　在我国药品应急检验的历程中，第一个被广泛关注的事件是发生在2006年的"齐二药"事件。当时呈现的应对特点是单兵作战，应急检验管理也处于起步阶段，应对时多为通过行政指令的方式进行。从2006年下半年起，我国先后发生了"欣弗"、"甲氨蝶呤"、"肝素钠"等药品应急事件，在国家食品药品监督管理总局的领导下，中国食品药品检定研究院分别承担了应急排查与检验任务，但整体的应对特点仍然是单兵作战，此时的应急检验管理也处于经验积累的摸索阶段。

联合作战阶段　2008年8月，中国食品药品检定研究院在积累前期应急检验经验的基础上，制定了《药品和医疗器械突发性群体不良事件应急检验预案》。预案规定了中国食品药品检定研究院在遇到药品不良事件时，内部具体的管理和应对措施，并作为一个范本逐步向全国食品药品检验机构推广。2011年和2012年，我国先后发生了"塑化剂"与"铬胶囊"两起影响广泛的药品应急事件。正是在该预案的指导下，食品药品检验机构较好地完成了相关检验工作。展现了从一个机构的单兵作战发展为整个检验系统的联合作战，应急检验管理及相关措施步入经受实践考验的历程。

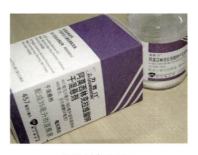

塑化剂实验用品

▶ **案例：**2011年5月，台湾质检部门在"净元益生菌"食品中检出DEHP（塑化剂的一种），且其含量超正常值数百倍，会严重影响人的生殖与发育。

6月，国家食品药品监督管理总局发布，我国在GSK公司生产的阿莫西林克拉维酸钾干混悬剂中检出DIDP（塑化剂的一种），由此拉开食品药品检验机构在全国范围内"塑化剂"应急检验的排查工作。中国食品药品检定研究院历经3个月，带领全国检验机构，最终排查相关品种40多个，检测药品1000余批，经过有效的风险评估研讨，圆满完成了此次应急检验。

2. 我国应急检验管理所取得的成绩

经过多年的努力，我国对应对突发事件管理进行多方尝试，并取得了长足的进步。特别是在药品应急检验管理已经形成"一案三制"，即预案体系及法制、体制、机制，在处置药害事件中发挥了积极作用，为决策部门提供了有力的技术支持。

我国"一案三制"取得的丰硕成果

预案之网基本建立　预案是"一案三制"的起点，是应急管理理念的载体。预案为应急指挥和行动人员在紧急情况下行使权力、实施行动的方式和重点提供了导向。

链接：中国食品药品检定研究院吸收《国家突发公共事件总体应急预案》、《国家突发公共卫生事件应急预案》、《药品和医疗器械安全突发事件应急预案》等预案的精神，制定了《应急检验预案》。应急检验预案，它是我国药品应急检验管理的主要依据，主要包括药械应急检验总体预案机制，样品受理与制发报告预案机制，药品预案及评价机制，应急抽样，动物、信息、后勤、设备等保障体系预案机制，新闻宣传预案机制等。各省、市、县所也都建立了各自的应急检验预案，动态管理制度初步建立，全国应急检验预案之网已基本形成，为药品突发安全事件的处置发挥了极为重要的基础性工作。

法律体系基本形成 在"一案三制"中，法制是基础和归宿。我国目前药品应急检验的相关法律法规包括《中华人民共和国突发事件应对法》和《突发公共卫生事件应急条例》等，个别应急措施在《中华人民共和国药品管理法》、《中华人民共和国药品管理法实施条例》、《药品不良反应报告和监测管理办法》、《药品召回管理办法》等法规中有所体现。应急管理法制的确立，表明我国应急管理框架的形成。

管理体制基本建立 应急管理体制，主要是指应急指挥机构、社会动员体系、领导责任制度、专家咨询队伍等组成部分。我国应急管理体制按照统一领导、综合协调、分类管理、分级负责、属地管理为主的原则建立。目前，已初步形成了以中央政府坚强领导、药监部门和地方各级政府各负其责的应急管理机制。

机制建设逐步健全 应急管理机制是应急管理体系在遇到突发事件后有效运转的机理性制度。应急管理机制是为积极发挥体制作用服务的。建立统一指挥、反应灵敏、功能齐全、协调有力、运转高效的应急管理机制，既可以促进应急管理体制的健全和有效运转，也可以弥补体制存在的不足。经过几年的实践努力，我国初步建立了药品安全突发事件应急监测预警机制、信息沟通机制、应急决策和协调机制、分级负责和相应机制等，并且处于不断健全完善过程中。

典型实例中汲取的经验累积

药品中"塑化剂"与"铬超标"胶囊的应急检验，是食品药品检验机构协同作战的典型案例，并从中积累了大量实战经验。

正确的顶层设计 领导重视并以身作则，指挥并组建一个强而有力的技术管理团队，清晰的工作思路，有效的实施方案，为应急检验任务的完成提供了行动指南。

① 组织建立药品中塑化剂的检测方法；
② 对所确定方法在进口口岸药品检验所进行宣贯；
③ 对涉台塑化剂事件药品进行快速检验，明确其成分及含量；
④ 对部分可能存在塑化剂的台产药品进行检测；
⑤ 对所确定方法在全国范围内药品检验所进行宣贯；
⑥ 在全国范围内，对可能使用塑化剂的药品进行筛查，排除隐患；
⑦ 及时与全国各个任务机构沟通，对检测结果汇总；
⑧ 组织合理评估，确定其安全风险；
⑨ 形成总结报告呈报国家食药监局

高效的团队执行力 应急检验中，选取熟悉检定业务与检验管理工作者组成工作组，了解全国检验队伍的检验情况，积极协调院内外的检验资源，及时理解并贯彻领导层的指令，保证高效的执行力。

求是的工作态度 在"塑化剂"事件中，工作组在得到各承检单位报送的初测结果后，发现大部分药品检出成分是邻苯二甲酸二乙酯（简称DEP），并超过初定阈值，但这个物质在我国及美欧现行版药典中是允许添加的。工作组动员各省级食品药品检验机构从省局备案资料中查取所涉及企业的处方信息，确定DEP是否为备案处方，以及批准的添加量是多少，从而避免了错判与误判。

创新工作方式与方法 应急事件中，检验工作应始终坚持不断创新工作的方式与方法。在铬超标胶囊事件中，中国食品药品检定研究院在多个环节中创新了工作方式与方法。如在方法培训阶段，首次通过运用大型多媒体方式，达到在全国宣贯快速、沟通便捷、培训面对面的效果；在方法公布阶段，通过采用在外网及时发布公告的方式，将方法快速传递，达到立竿见影的效果；在样品接收阶段，通过运用摄影技术，在工作方式实现创新的同时又保护了自己；在实验开展阶段，面对样品的前处理步骤较难转化的问题，实验室首次建立了两步法消解，在大幅提高检验效率的同时，也有效避免了消解罐爆炸等。

3. 以求是的标准探寻应急检验管理中的问题

我国的食品药品监管工作起步较晚，应急反应体系的建设尚未成熟，当前存在的问题主要体现在四个方面。

应急检验的针对性法规不足 《突发公共卫生事件应急条例》并非专门针对药品安全领域，绝大部分应急管理制度均散见于部门规章，缺乏系统性和权威性。现代的应急管理，呈现出跨区域共同应对的特点，在应对时往往会涉及多个以往从未或很少协作的单位或部门，协调难度很大，这就需要有相关的法规予以支持。

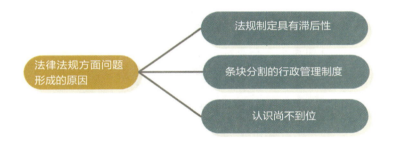

预案内容广度、深度和适用性不足 目前现行版应急检验预案是《药品和医疗器械突发性群体不良事件应急检验预案》，制订于2008年，反映药品安全突发事件的个性还不足。同时，应急检验管理已逐步呈现出从点到面的特点，而预案由于制订时间较早，内容的适用范围具有局限性。在实际使用过程中，发现应急检验管理组织体系尚不够完备。涉及部门多，各责任部门之间职责划分、具体工作的协调沟通机制规定不明，存在职能交叉、重叠、空缺等现象，导致预案可操作性不强，未能形成强大合力。且现行版预案尚无细化的配套技术指导相关文件，其对于在应急检验过程中查找药品质量问题的原因、部署排查策略等应对实施方案的描述明显不足。

监测预警的相关数据储备和利用不足 "重事中处置，轻前期预防"，这是比较普遍的行事思维。在我国发生的许多预案中，所载的监测、预警均是描述在应急事件发生后的相关措施，在事件来临之前相应的预警信号是基本缺失的。因此，在现有的基础上加强数据挖掘，提高不良反应报告的利用率，提高国家评价抽验数据的利用率，成为我国应急检验管理的努力方向。同时，还要注重培养和提高企业的主动报告能力。

链接：我国药品预警的主要监测机构是药品不良反应监测体系。据资料显示，我国仅有大约1%的不良反应报告由企业主动报告，而在美国，这个数字超过60%。可见国内生产企业对不良反应报告工作还有所顾虑，一些企业认为主动报告不良反应可能会影响企业产品效益。

资金、人才、信息等供应不足 尚未建立科学、稳定的应急工作经费投入机制，应急物资储备没有响应的规定。由于缺乏专项基金支持，也没有制定相关的资金审批及使用程序，目前往往是拆东墙补西墙，临时调取一笔经费用于应急检验相关工作。现代的应急管理呈现出多学科共同应对的特点，而检验工作者往往很熟悉自己岗位的相关知识，平时的培训也主要针对自己的专业，但对其他领域特别是跨学科的知识了解甚少，在应急事件发生时更多的是凭经验处置，而没有更多相关的知识辅助。专家库、药品标准库等应急检验所需的信息库建设仍处于起步阶段，影响了应急检验工作的顺利开展。

第三节　以求是精神不断提升药品应急管理水平

求是，是科学检验精神的本质，也是应急检验的目标追求。应急检验的管理，紧紧围绕着求是目标而展开，为提供最精准的数据，为探寻应急的规律步骤，为查找应急事件的原因而服务。在求是精神的指导下，通过建立食品药品检验机构的应急检验管理预案，解决了全体作战的制度问题；通过建立应急检验管理行动指南，解决了排查思维发散的问题；通过从信息、人才、仪器、检测方法等四个方面加强技术储备，有效解决了药品应急检验的储备问题；通过对政府有效监管与企业安全生产建言献策，争取从源头做好防范。

1. 建立安全突发事件应急检验预案

预案是应急管理体系建设的龙头。现代药品应急检验处置已从过去某一机构的单个应急逐步发展为全国食品药品检验机构的共同应急，因此预案也不应仅限于是某个棋子的孤军奋战，而应成为检验机构协同作战的全盘应急。

因此，以求是精神对现有应急预案进行修订。针对药品安全突发事件制订《药品安全突发事件应急检验预案（试行）》，以"统一领导，分级负责；科学检验，依法处置；加强预警，预防为主"为工作原则，将预案适用范围由中国食品药品检定研究院扩展至全国食品药品检验机构，设置检验机构的协同配合机制。并且，每个省所乃至市级所，都可以此预案为模板，制订本单位的应急检验预案，把药品安全突发事件分为四级，并以颜色预警区分，明确不同级别的应对组织规模。在组织体系中按照应急检验管理过程中的职能，将人员分为几个工作小组，各组确定牵头部门，明确分工，各司其职。提高信息沟通效率，采用信息直报制度。

链接： 《药品安全突发事件应急检验预案（试行）》中应急响应

应急响应。事件分级。参照国家食品药品监督管理总局制定的《药品和医疗器械安全突发事件应急预案（试行）》，根据药品突发安全事件的性质、严重程度、可控性和影响范围，将药品突发安全事件分为四级：

Ⅰ级（特别重大）药品安全突发事件。包括：

第一，在相对集中的时间和（或）区域内，批号相对集中的同一药品引起临床表现相似的，且罕见的或非预期的不良反应的人数超过50人（含）；或者引起特别严重不良反应（可能对人体造成永久性伤残、对器官功能造成永久性损伤或危及生命）的人数超过10人（含）。

第二，同一批号药品短期内引起3例（含）以上患者死亡。

第三，短期内2个以上省（区、市）因同一药品发生Ⅱ级药品安全突发事件。

第四，其他危害特别严重的药品安全突发事件。

Ⅱ级（重大）药品安全突发事件。包括：

第一，在相对集中的时间和（或）区域内，批号相对集中的同一药品引起临床表现相似的，且罕见的或非预期的不良反应的人数超过30人（含），少于50人；或者引起特别严重不良反应（可能对人体造成永久性伤残、对器官功能造成永久性损伤或危及生命），涉及人数超过5人（含），少于10人。

第二，同一批号药品短期内引起1至2例患者死亡，且在同一区域内同时出现其他类似病例。

第三，短期内1个省（区、市）内2个以上市(地)因同一药品发生Ⅲ级药品安全突发事件。

第四，其他危害严重的重大药品安全突发事件。

III级（较大）药品安全突发事件。包括：

第一，在相对集中的时间和（或）区域内，批号相对集中的同一药品引起临床表现相似的，且罕见的或非预期的不良反应的人数超过20人（含），少于30人；或者引起特别严重不良反应（可能对人体造成永久性伤残、对器官功能造成永久性损伤或危及生命），涉及人数超过3人（含），少于5人。

第二，短期内1个市（地）内2个以上县（市）因同一药品发生IV级药品安全突发事件。

第三，其他危害较大的药品安全突发事件。

IV级（一般）药品安全突发事件。包括

第一，在相对集中的时间和（或）区域内，批号相对集中的同一药品引起临床表现相似的，且罕见的或非预期的不良反应的人数超过10人（含），少于20人；或者引起特别严重不良反应（可能对人体造成永久性伤残、对器官功能造成永久性损伤或危及生命），涉及人数达到2人。

第二，其他一般药品安全突发事件。

2. 建立应急检验管理行动指南

药品应急检验是一项以检验排查为主要目标的技术工作，将药品应急检验发生时的技术工作分为两类，一类是引发药害事件原因不明，它的重点是找出药害的"元凶"；另一类是原因清晰，它的重点集中于在一定范围内的药品隐患排查。在应急预案的基础上，结合上述两类检验思路，分别建立应急行动指南，从管理层面对技术工作予以指导。

药品安全突发事件起因不明的应急检验行动指南 起因不明的应急检验主要包括10个步骤。

第一步，外观检查：一般通过检查或对比药品外包装标识的图案和数字等，特别是批号、有效期等的印刷是否有异样，可初步判定样品是否存在假冒嫌疑。

外观比对

第二步，样品检验：样品在按照收检程序进行接收后，主检科室按照现行标准进行检验。此时所需的辅助资源就是药品检验标准，在符合质量管理体系的要求下按照现行标准进行检验。检测项目一般是现行标准的全项检验，重点关注安全性指标，如无菌、热原等关键项目。

第三步，比对检验：开展科室间比对检验，验证主检科室的检验结果，确保实验数据准确可靠。由辅助科室进行对比检验，协同配合。实验平行操作，确保人员、仪器、方法、环境条件等符合同一要求。实验条件需满足人、机、料、法、环等符合质量管理要求，简言之就是检验工作者定期接受培训，有相应的检测能力；检测仪器定期进行校准核查；硬件条件满足实验对环境的要求等。当标准检查未发现异常时，也并不代表样品本身不存在问题，而只是代表被检测样品符合标准中各项目的规定，可能是现行标准形成较早，质控水平较低，或因为非法添加，而标准的定性项目暂时无法甄别，此时需要广泛收集资料，进行试验排查。

第四步，资料收集：资料收集应遵循从内到外的顺序。对于被疑产品本身，收集其生产工艺、质量标准、生产批记录与检测报告等资料；向外扩展，收集其原辅料生产检测报告、原辅料采购、流通、使用过程相关资料；再向外扩展，收集其包装材料产供销相关资料，生产及检验设备的校正核查记录等资料。对于外延资料，通过信息库、图书馆、相似症状不良反应研究资料、国内外相关文献研究等进行收集。

第五步，现场调研：现场调研的机会弥足可贵，调研人员应予以高度重视。现场调研前，首先要保证程序符合规定，在国家食品药品监督管理总局授权或出具书面文件后予以实施。在调研过程中，注重"资料收集"中所列在生产中才能得到的资料，遵循一定的原则逐步检查；除检查相关资料外，着重检查生产线记录与生产批记录等情况。在"甲氨蝶呤"事件中，就是因为同一生产线混杂了另一药品长春新碱，导致了药害事件的发生。

第六步，实验假设：在专家顾问组的支持下，按照由内到外、由主到辅的顺序，依次提出假设，顺序检测主成分、辅料、包材等，检测项目重点是安全性项目。尽量寻找同期（或先后）使用的其他企业同品种进行

根据实验假设开展模拟论证

假设分析，作为参照模型，同样按一定的顺序检验，与问题产品相互比对。如"齐二药"事件中，广东省食品药品检验所就是把医院先期使用的云南某药厂同品种产品进行类比排查，最终接近了事实真相。

第七步，实验验证：食品药品检验机构使用各类分析方法，紧紧围绕症状，对"实验假设"中提出的假设进行实验验证，通过常量或微量分析予以定性，判定可能含有的成分。如对异构体、晶型、微粒进行分析等。又如杂质分析，包括无机杂质、有机杂质、残留溶剂分析等。此时需要的辅助资源是物质的红外等图谱库，在得到疑似引发物质后，在图谱库中比对查询结果。

第八步，初步结果：通过假设及实验验证，得到初步检测结果，查出药害产生原因。

第九步，补充检验方法：补充检验方法拟定，经严格验证无误后，报国家食品药品监督管理总局批准，作为出具检验报告的法定依据。

第十步，风险评估：结合药典等标准资料和相关技术资料，在专家顾问组指导下对检测结果进行风险评估。以函或报告的方式，向国家食品药品监督管理总局发出检测结果，协助落实进一步措施。

药品安全突发事件起因清晰的应急检验行动指南　　起因清晰的应急检验行动指南主要包括7个步骤。

第一步，建立检测方法：这一步是集体排查中最困难的一步。往往没有现成的实验方法，需要收集信息资料，在专家顾问组的指导下，将国内外文献方法进行合理转化，群策群力，协同配合，共同突破技术瓶颈。

第二步，科室间比对实验：初步拟定检测方法后，需进行科室间比对实验，验证方法可行性与实验结果，确保检验数据准确可靠。实验平行操作，人员、仪器、方法、环境等符合一致性要求。

第三步，建立补充检验方法：尝试建立补充检验方法，经严格验证无误后，国家食品药品监督管理总局批准下发。该步骤需特别关注时效性，因为补充检验方法的批复过程，从市级食品药品检验机构申请到国家食品药品监督管理总局批复需要经过7级审核批复，建议采取风险放行的理念，保证时效性。国家食品药品监督管理总局批准补充检验方法后，应急检验工作取得阶段性成效。

第四步，优选排查品种与范围：经专家顾问组研讨，根据现有资源，运用科学方法对排查品种和排查范围进行优选，对抽样、检验等环节方案进行优选，初步拟定排查品种及排查范围。

第五步，全国联动：在工作方案拟定后，需对全国食品药品检验机构开展动员，对拟定范围内的品种进行排查。在全国范围内进行培训，帮助检验工作者迅速准确掌握补充检验方法；对品种筛查方案进行部署；落实协同检验措施。这一步最重要的就是指定组织部门，及时建立沟通渠道，运用科学方法进行技术培训和方案落实，实施全国联动。

第六步，判定检测结果：全国检验机构对筛选品种进行初步检测后，形成检测结果上报，这时组织部门需慎重行事，在判定与协同检验机构结果的一致性、判定上报的检测成分与含量是否符合有关限度规定后，向国家食品药品监督管理总局提供佐证材料。

链接：在"塑化剂"药品应急检验中，中国食品药品检定研究院在得到全国初步检测结果后，发现其中大部分检出成分是DEP，超过初定阈值，但这个成分在我国现行版药典中是允许添加的。因此中国食品药品检定研究院并未立即上报，而是动员各省检验机构从企业备案中查取申报的处方资料，佐证是否批准药物中可含有邻苯二甲酸二乙酯，以及批准的量值是多少，从而避免了错判与误判。

第七步，风险评估：结合药典等标准资料和相关技术资料，在专家顾问组指导下对检测结果进行风险评估。以函或报告的方式，向国家食品药品监督管理总局发出检测结果，并协助落实处置措施。

3. 加强药品应急检验技术储备

药品安全突发事件的应急检验是一场特殊的考试，这场考试是否能够得到高分，关键在于平时是否能够获得足够的积累，换而言之，应急检验的技术储备至关重要。那么，食品药品检验机构在日常检验中应该注重哪些方面的技术储备呢？

搭建信息平台是必要基础　包括建立信息沟通平台，建立药品标准信息库，建立产品"一条链"信息库，建立应急检验案例档案库等。

🔗 **链接：** 在"塑化剂"事件的初期，由于参与单位涉及全国，电话和邮件沟通方式陈旧，信息沟通不畅，严重影响了工作效率。后来通过建立网络联络群等方式，终于实现了同步交流的目的，大幅度提高了时效性。反思事件的过程，应建立全国检验机构的信息平台，在全国范围内集体应急时开通使用，既保证保密性又可实现群体交流。

建立药品标准信息库。药品标准是国家对药品质量、规格和检验方法等内容所做的技术规定，是药品质量保证体系的重要组成部分。在药品应急检验中，寻找法定标准、按照标准进行检验是关键一步，因此应建立法定标准信息库。它的建立，特别是散页标准的收集，将对全国药检机构开展应急检验乃至日常检验工作具有重要意义。

建立产品"一条链"信息库。一个药品从设计到最终使用，一般要经过研发、生产、注册、流通、使用等环节；在应急检验时，如果能找到这些环节的完整信息，对于研究事件产生原因及后期处置将起到事半功倍的作用，因此应建立每个品种药品的"一条链信息"库。

建立应急检验案例档案库。历次应急检验案例是最有效的参考资料。应急检验工作，往往终止于召开总结大会予以表彰，对应急检验的过程分析和经验教训总结，缺少更加详细的梳理、记录和归档。建立档案库的目的就是通过电子方式将全过程进行记录，便于参考与指导。

加强人员储备是迫切需要 针对药品应急检验综合性强、分析目标不确定等特点，应加强对检验工作者的培训，特别是培养一些处置突发事件的专家型人才，建立一支作风过硬、技术精湛的应急检验队伍。培训内容可包括应急检验相关工作程序和要求、药品不良反应与药品质量问题的联系、相关医学知识、毒物分析、药物分析、药品生产工艺流程、实验室安全相关要求等，重点加强重金属及有害元素测定、毒性物质检测等内容的培训。通过培训，提高技术人员的综合素质，拓宽应急监测范围，在应急检验中综合利用多学科的研究结果，快速、准确地提供检测数据。

配备高精尖仪器设备是前提条件 由于应急检验往往涉及常规项目以外的非标检验，对仪器的配置提出了更高的要求。如配备液质串联仪、气质串联仪等用于农残、药残和未知化合物检测；配备电感耦合等离子质谱仪用于元素检测；配备全自动微生物鉴定仪用作致病菌鉴定等。做好仪器设备的检定、期间核查与维护保养，确保其处于正常可用状态。各检验科室确保可熟练使用仪器者不少于两人，以保证应急检测需要。

ICP-MS

探索检验方法是关键环节 这是一项庞大的系统工程，也是一项具有延续伸展性的工作，需要不断积累与补充。在应急检验中，摆在检验工作者面前的，不只是依据药品质量标准出具一份检验记录，而是一份对药品质量的全面分析报告。基于研究总结国内外药品相关应急事件的发生、发展规律，积极关注国内外假劣药品的新动向，有针对性地研究建立快速检验方法、有害物质的筛查方法等，不断跟踪新检测技术和快速检验方法的动态并加以实践，建立检验方法库，不断扩充方法体系文件，提高解决复杂疑难问题的能力。

4. 制定政府监管策略与企业防范策略

通过向国家食品药品监督管理总局建言献策，将药品应急检验管理工作中存在的难点呈报上级监管部门，得到政府层面支持；通过向企业提出建议，规范其生产行为，从源头杜绝安全突发事件发生。

政府监管策略 从政府层面加强药品管理法规建设：对现行《药品管理法》进行修订，在"药品监督"章节中应加入相关规定，明确应急检验时在取得国务院的授权下，食品药品监督管理部门可牵头相关部委协同处置，具有协调应急资源（如人力、物力等必要资源以及开展调查取证等环节）的权限，并可定期召开部委间联席沟通会议，应急结束后终止。还应修订药品不良反应相关法规，鼓励制药企业上报不良反应的积极性。

国家食品药品监督管理总局牵头建立"一条链"信息库：整合各环节相关资源。对于企业研发、处方、工艺等信息，国家食品药品监督管理总局在GMP中增设相关规定，企业在保持硬件设施的同时，完善相关软件系统的建设。

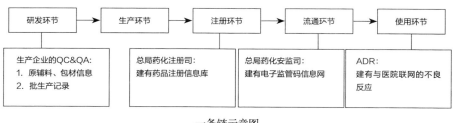

一条链示意图

政府监管强化提前预警意识：由于药品应急事件普遍呈现原因查找

难、影响面广、危害性大、易引发关注等特点，政府监管应将"关口前移、预防为主"，做到及时预警、提前干预。

政府加强对舆情的疏导：在现代管理工作中，媒体的作用越来越重要，在应急事件发生时，媒体经常起到舆论风向标的作用，因此国家食品药品监督管理总局应与相关部门协调，联合加强对媒体的管理及联络工作，能够引导舆情风向标，做到透明公正，及时向公众通报采取的措施和取得的进展，维持社会稳定。

加大与行业协会的沟通力度，促进行业自律：行业协会，作为协助政府管理社会经济的重要机构，是政府与企业之间的桥梁。随着市场环境变化的加快、专业化分工的加强、药品技术含量的增加，相关的监管工作迫切需要行业协会的配合和支持。行业协会一般是由药品市场微观主体组成，对制药企业经济运行更专业，对药品技术标准更精通，对行业内企业更了解，由此信息不对称程度大大降低。当今世界，许多国家都利用其作用引导参与医药行业规划、信息沟通、技术咨询、法律法规及标准的制修订等工作，在规范医药行业行为、促进产品升级换代、应对药品安全突发事件等方面充分发挥其正面积极的作用。医药行业协会的协作可弱化政府的社会经济管理职能，避免对微观经济的直接行政干预，减轻政府负担。医药行业协会主导的行业自律与政府主抓的监督检验相结合，构成一个效力极高的市场管理模式。

开展安全性评价试验

检验机构积极开展评价抽验：药品评价性抽验分为对药品的常规检测与探索性研究，其中探索性研究是对药品的潜在风险及隐患的专属性研究，因此应该加大对这方面工作的投入与力度。省级食品药品监管部门一般通过对药品的监督性抽验，了解本级药品的质量状况，因此在这一部分可以效仿国家评价抽验模式，开展属地化的药品探索性研究模式，通过科学制定品种方案，尽快建立各品种的探索性风险隐患与防范数据库。

政府加强对企业监管：强化生产企业第一责任人的意识，让企业牢牢把握一个原则，药品的质量不是检验出来的，而是设计和生产出来的，也就是说过程决定质量。在实行GMP、GSP检查制度的同时，加大飞行检查力度，不断监督企业的工作动态，对新上市品种、高风险品种等及时组织抽样检验。建立并完善企业市场信用体制，加强信用激励制度，奖惩并举，引导企业树立诚信建设；加大失信惩罚力度，使企业在最严厉的后果面前不敢违规。

企业的防范策略 企业生产的正确之路，并不是搞非法添加或者走捷径迅速占领市场，而是在质量生产中引入风险控制管理。很多例子都证明，事前的防范花费远胜于事后的处置开销，药品生产企业要确保所生产的药品质量安全，可行的方式是引入全过程的质量风险管理方法，对全过程的生产安全予以预防，争取用最小的预防成本确保质量安全。质量风险管理是指在整个产品生命周期中采用前瞻性或回顾的方式，对质量风险进行评估、控制、沟通和审核的系统过程。

树立质量至上的理念："一瓶输液三条命"，这被某企业奉为安全准则的经典口号。在惯常思维中，一瓶输液出了问题只关系到患者的一条生命，而在

输液生产线

该企业员工眼中，一瓶输液出了问题，除伤害患者外，也严重影响到职工的前途和企业的命脉，因此质量控制与安全管理被视为重中之重。

建立严格的操作规程控制体系：操作规程作为文件管理的一部分，主要用于指导执行人员获得相关活动的详细指令，也就是做什么、怎样去做和什么时候去做。操作规程写得科学而完备，对每台仪器、每个步骤、每个细节都规定详尽，生产就出不了问题。

持续、动态的GMP维护：国家食品药品监督管理总局颁布的GMP，对企业的生产过程严格控制。企业应要求员工对GMP实行滚动式学习，将条文的理解深入企业的生产各个环节中，并实行持续的、动态的GMP维护，以确保产品质量。全年设置两个质量月，评选质量月优秀班组和优秀个人，从制度上贯彻质量是第一要素的理念。

注重细节管理：细节决定成败。如在检验仪器放置中应标明正在运行与停机两种状态，便于提醒；保存试剂时在试剂柜上用记号笔标明剩余数量，方便更改与实时监控；溶液标签除了标明配置与失效日期外，还标明所用标准源号码，以便溯源；原始记录不得销毁，而是作为附件保存，以保持其原始性。

食品药品应急检验是一场没有硝烟的战役，考验着检验机构的真正实力，承载着百姓对饮食用药安全的无限希冀。在一次又一次的应急洗礼中，食品药品检验机构基于日常检验的扎实功底，探索应急检验的求是真谛，取得了捍卫人民群众生命健康的最终胜利。

第 七 章

检验求是中"人"的主导作用

"人才为本",充分发挥检验求是中人的主观能动性,努力营造成长人才、吸引人才和用好人才的优良环境,是实现"人才兴检"的必要条件,更是实践检验求是的重要保证,是食品药品检验事业发展的关键因素。

要保证科学检验的求真与求是，人员要素是重中之重。只有人员队伍的整体素质不断提升，才能满足检验事业不断发展的需要；只有人员队伍的知识技能不断增加，才能提供检验求是的技术保障；只有优秀人才的卓越创新不断持续，才能激活检验求是的创新发展。合理地管理、培养和使用，充分地发挥人的主观能动性，是实现组织发展的必要条件，更是实践检验求是的重要保证。

第一节　职业性格与检验求是

在我国，自古以来就有"龙生有九子，九子不成龙，各有所好"的说法。不同的人因不同的社会背景、家庭教育、环境影响、生活际遇等形成了千差万别的不同性格，有的人活泼外向，有的人安静专注，有的人勇敢自信，有的人沉稳内敛。不同的性格类型决定了每个人在社会角色和组织角色中不同的特性和特征，适合不同的工作岗位，取得不同的工作效果。了解和塑造食品药品检验机构各类岗位人员的职业性格，是检验求是过程中人员保证的前提条件。

1. 职业性格与职业能力

职业性格是指人们在长期特定的职业生活中所形成的与职业相关联的稳定的心理特征和行为特征。有的人对待工作总是一丝不苟，踏实认真，在待人处事中总是表现出高度的原则性，果断、严谨、负责，在对待自己的态度上总是表现为谦虚、自信、严于律己等，所有这些特征的总和就是他的职业性格。

职业性格（personality-job fit theory）理论是由美国约翰霍普金斯大学心理学教授约翰·霍兰德（John Holland）于1959年提出的。这个理论认为，个人性格各异，性格类型、兴趣与职业都有密切关系，而当个人的性格特质与其工作特性具有高度一致性时，对于其工作将有更佳的表现。

现代成功学大师戴尔·卡耐基曾说过："一个人的成功85%归于性格，15%归于知识。"要想取得事业的成功，性格尤其是职业性格是十分重要的因素，特别是那种招人喜欢，给人快乐，具有魅力的性格。曾有一位美国记者采访晚年的投资银行一代宗师J·Ｐ摩根，问道："决定你成功的条件是什么？"摩根不假思索地说："性格。"记者再问："资金和资本哪个更重要？"摩根回答说："资本比资金更重要，但最重要的是性格。"由此可知，性格决定命运，尤其是职业性格在人的职业生涯中起着至关重要的作用。

人的职业性格千差万别，不同的职业有不同的性格要求。食品药品检验机构在选人用人的过程中，可以结合不同人员的职业性格类型因材施教，有的放矢，有效培养，合理用人，使每一个人找到更适合自己的工作岗位，充分发挥潜在的巨大能量，整体提升人员队伍的职业能力，促进食品药品检验事业长足发展。

十二种不同类型的职业性格：

① 变化型：能够在新的或意外的工作情境中感到愉快；喜欢工作内容经常有些变化；在有压力的情况下工作得很出色，追求

小贴士

戴尔·卡耐基（Dale Carnegie），美国现代成人教育之父，美国著名的人际关系教育奠基人，被誉为是20世纪最伟大的心灵导师和成功学大师。他利用大量普通人不断努力取得成功的故事，通过演讲和书唤起无数陷入迷惘者的斗志，激励他们取得辉煌的成功。其在1936年出版的著作《人性的弱点》，70年来始终被西方世界视为社交技巧的圣经之一。

并且能够适应多样化的工作环境；善于将注意力从一件事转移到另一件事情上去。

② 重复型：适合并喜欢连续不断地从事同一种工作；喜欢按照固定的模式或别人安排好的计划工作；爱好重复的，有规则的，有标准的职业。

③ 服从型：喜欢配合别人或按照别人的指示去办事；愿意让别人对自己的工作负责；不愿意自己担负责任，不愿意自己独立作出决策。

④ 独立型：喜欢计划自己的活动并指导别人的活动；会从独立的，负有责任的工作中获得快感；喜欢对将要发生的事情作出决定。

⑤ 协作型：对与人协同工作感到愉快，不喜欢独立面对危机，希望大家意见一致；包容谦虚，总是试图简历和谐稳定的人际关系，希望自己能得到同事的喜欢；为团队做事尽心尽力，勤奋可靠，安于现状，对自己的工作尽职尽责；避免自己做决定，喜欢同权威人士或多数人的意见保持一致。

⑥ 劝服型：乐于设法使别人同意自己的观点，并能够通过交谈或书面文字达到自己的目的；对别人的反应具有较强的判断能力，并善于影响他人的态度、观点和判断。

⑦ 机智型：在紧张，危险的情况下能很好地执行任务；在意外的情况下，能够自我控制、镇定自若，工作出色；在出差错时不会惊慌，应变能力强。

⑧ 严谨型：注重细节的精确，愿意在工作过程的各个环节中，按照一套规则、步骤将工作过程做得尽善尽美；工作严格、努力、自觉、认真，保质保量，喜欢看到自己出色完成工作后的效果。

⑨ 公关型：对周围的人和事物观察得相当透彻，能够洞察现在和

将来；随时可以发现事物的深层含义和意义，并能看到他人看不到的事物内在的抽象联系。

⑩ 挑剔型：工作态度严谨，原则性强，不喜欢别人随便的工作态度；对自己要求很高，对自己和别人都很挑剔；不喜欢粗心的人，注重细节，事无巨细必亲力亲为；做事情计划性强，不盲目，有主见，不会跟随别人的想法，理性，有条理。

⑪ 研究型：观察敏锐，好争论，求知欲强，勇于创新；具有较强的忍耐力，对工作坚持持久，不容易受外界干扰因素的影响；有很强的获取知识和信息的能力，善于探索发现事物内在的本质规律，有很强的逻辑分析能力。

⑫ 成功型：做事讲究效率，具备同时处理多项不同内容工作的能力，总能争取时间和空间促使自己成功；善于按照相关人员的期望更有效率地完成工作；有谋略，心胸开阔，有长远目标，全局意识强，能够有效地克服困难；很清楚自己想要做什么，并有能力做好，容易独断专行；执着地追求成功，适应力强，有野心，有干劲。

职业性格与职业能力具有密切的相关性　在食品药品检验队伍中，具有各种不同的职业性格类型，其与不同的工作内容有着密切的联系。重复型、服从型、严谨型和协作型职业性格是检验技术人员几大突出的特点，具备这样职业性格的人会成为一个非常合格的食品药品检验工作者，但在科研探索工作中可能略显逊色。而变化型和研究型性格的人在专业技术能力较扎实的前提下，引导其进行较深入的科研探索工作或非标检验尝试，可能会取得意想不到的成果。有些具备攻关型特征的人，在对外联络与合作交流方面具有一定的优势，他们善于与人沟通交流，如果承担科研管理工作，他们可能会为组织争取更多的科研项目或合作机会；如果承担业务咨询工作，他们可能会与客户进行更有效的沟通从而避免不必要的纷争。研究结果显示，当员工的个性与工作内容相匹配时，员工的工作状态是积极快乐的，他们的满意度最高，离职率最低，为组织的工作发挥更大的作用。探寻职业性格类型与不同工作职责的相关性并进行有效的方向性引导，是将每个员工扶入正确的职业轨道的重要过程。

2.　食品药品检验工作者的职业品格

自从1950年8月18日成立了新中国第一个国家级食品药品检验机构以来，经过数代人的努力和发展，这支人员队伍逐渐形成了其特有的一些优秀的职业品格，这些品格为检验事业的发展壮大提供了有力的保证。

链接： 新中国国家级药物食品检验机构诞生：1950年，新中国刚刚建立不久，为确保全国人民饮食用药安全有效，中央人民政府卫生部决定，接管1945年组建的国民党政府所属卫生署药物食品检验局，成立中央药品检验机构。8月18日，中央人民政府卫生部下发文件（卫医药[1950]228号），成立中央人民政府卫生部药物食品检验所。任命孟目的为中国药典编纂委员会总干事兼药物食品检验所所长。卫生部药物食品检验所的成立，标志着新中国成立后第一个国家级食品药品检验机构的诞生。

求真务实　科学严谨　求真与坚持实事求是中的"求是"是一致的，本质都是求得对客观事物的真知，把握事物的本质和规律。求真不只是工作的态度问题，还关系到对做人和立业真谛的理解。务实的本质是做有益于人民的实事，具体体现为思想上谋实，工作上抓实、效果上真实。求真务实、精益求精是食品药品检验机构基本的工作要求。

求真务实、科学严谨要有踏踏实实的态度，满足于一知半解不是科学的态度，不懂装懂更不是科学的态度。对食品药品检验工作者来讲，每一次称量、每一次萃取、每一次滴定，每一次计算都必须求真务实，精益求精。把求真务实、科学严谨的工作作风融入思想中，落实到行动上，才能做好检验工作。各级食品药品检验机构通过不断强化检验工作的标准化、规范化，通过各级外审、内审、实验室比对、测量审核、技能竞赛等管理活动确保检验工作的求真务实、精益求精。

是否求真务实，从根本上讲是一个人价值观的外在反映。求真务实本身是一种价值取向，其中蕴含着价值观。要成为求真务实的忠诚实践者，必须有求真务实的能力，知行统一，言行一致，注重践履。把握求真务实科学严谨的工作作风，培养求真务实科学严谨的知识技能，建立求真务实科学严谨的检验制度，履行求真务实科学严谨的检验程序，才能践行好真正意义的检验求是。

勤奋努力　坚持不懈　"业精于勤而荒于嬉，行成于思而毁于随"。勤奋要通过坚持不懈地努力来体现，要认认真真干好每一件事情。哪怕别人做一次，自己做一百次，也不厌其烦，不怕辛苦。

"勤"乃求是之径。选定所要从事的行业，或规划好自己人生方向后，坚持不懈，不畏困难地走下去，才能收获成功的硕果。药检行业的初始就融入了以天下百姓生命健康安全为己任的求是种子，"求"得关乎是民族未来的大"是"。检验求是的职业品格能够拥有几十年的传承与发扬，靠的就是食品药品检验工作者持久不懈的勤奋与坚持。

链接： 原广州市药品检验所的专家谢培山教授孜孜不倦的学术追求道路为我们树立了勤奋与坚持的楷模。他罹患小儿麻痹后遗症，身体的缺陷没有阻碍他对药品检验事业的全情投入，历经多年的探索研究，通过指纹图谱分析技术解决了困扰中药发展的成分量化和质量检测难题，对于我国尽快揭开中药神奇的奥秘，打开国际中医药市场做出了贡献。

恪守职责　诚信守诺 食品药品检验机构是国家对食品药品质量实施技术监督检验的法定机构，是国家食品药品监督管理体系的重要组成部分，是食品药品行政监督执法的重要技术依托。检验工作的好坏，直接关系到人民群众能否吃上放心药，关系到人民群众身体健康和生命安危。

恪尽职守和诚信像两个最要好的朋友，两者密不可分。尽职尽责的人会同时拥有诚信的美德，他们言而有信，履职尽责。高立勤不是声名显赫的人，也没有做轰轰烈烈的事，然而她却是公认的，不折不扣的楷模。在食品药品检验机构战线中，高立勤可称之为学术造诣深厚的药检专家、维护百姓生命健康的安全卫士、尽显共产党员本色的党的优秀女儿，她得到了很多荣誉：全国三八红旗手、天津市五一劳动奖章获得者、天津市廉政勤政党员干部、天津市优秀共产党员。辉煌出于平凡，让人折服的是她忠于党的事业，一心为民，在平凡的岗位上恪尽职守，奋勇争先的职业品格。

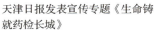

天津日报发表宣传专题《生命铸就药检长城》

高立勤先进事迹报告会

小贴士　　高立勤（1969-2011）：天津市药品检验所原所长、党委副书记，因长期超负荷忘我工作，积劳成疾，英年早逝。她的先进事迹，先后在《天津日报》、《中国医药报》、《中国纪检监察报》、天津电视台等多家媒体头版头条、重要时段刊播。

▶ **案例：**2008年，汶川大地震发生后，四川省食品药品检验所在所长王野的带领下与时间赛跑，与死神抗争，打了一场前所未有的苦仗、硬仗，用心血筑起捐赠药械验收转运的生命线。从进入成都双流国际机场后，他们就一门心思"扎"在了那里，日夜奔波在空港药械接收现场，通宵达旦、高速运转，对国内外捐赠的药械、消杀用品等物资进行清点、验收和转运，整个空港货场到处闪动着"四川药检"的红袖标。在此后一个半月里，经他们把关发往灾区的捐赠药械、消杀用品共计4000余吨，无一差错。他们的工作，为救灾药品把好了质量关，为医疗救援赢得了宝贵时间，受到党中央、国务院领导的高度赞扬，并得到卫生部、国家食品药品监督管理局及四川省委、省人事厅、省食品药品监督管理局的表彰。

汶川抗震救灾现场

多年来，食品药品检验工作者始终把人民群众满意不满意作为唯一标准，紧扣"把关尽责"的主题，恪尽职守，严把药品质量关，确保人民用药安全有效，把党的关怀和温暖送给广大人民群众，为提高人民群众的健康水平做出积极的贡献，为和谐社会的构建贡献力量。

第二节　人的管理与检验求是

精密的检验仪器，要靠人来操作；严谨的操作规范和业务流程，要靠人来实施；求真务实的科学检验精神，要靠人来践行。培养和铸造实事求是、求真务实、尊重科学规律的人才队伍，特别是培养和造就一批高层次领军人才、创新型中青年科技人才、高素质管理者和高水平检验能手，是食品药品检验事业发展的基石。

1. 人才队伍现状

截至2013年11月30日，全国食品药品检验机构统计情况显示：

人员编制情况　全国地市级以上428个食品药品检验机构人员总编制数为18612人，从业人员期末人数为20203人，在岗人员18499人，在编人员16436人，合同制人员（编外）2063人，劳务派遣人员1496人，返聘人员206人，外籍人员2人，离退休人员7244人（见图）。

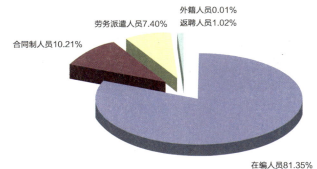

全国食品药品检验机构人员情况

近年来，食品药品安全性和有效性问题越来越受到人民群众的广泛关注，越来越受到国家和政府的高度重视，工作任务逐年递增。这些数据表明，现有人员编制不足以满足目前检验工作需要，合同制人员、劳务派遣人员和返聘人员是对人员现状不足的有效补充。对这些人员的管理和使用为食品药品检验机构提出了新的要求，制定相应的制度，采取相应的措施，进行规范管理和合理使用。

专家人员情况　全国食品药品检验机构拥有大量专家，包括：美国药典会委员4人，国家药典委员会委员117人，中国兽药典委员会委员2人，中国国家认可评审员84人，实验室资质认定评审员251人，食品检验机构资质认定评审员146人，中华医学会委员8人，中国药学会委员118人，中华预防医学会委员3人，药品注册现场核查员446人，国家级GMP、GCP、GLP、GSP检查员275人，省级GMP、GCP、GSP检查员1183人，CFDA药品评审专家64人，CFDA器械评审专家32人，CFDA保健食品评审专家100人，CFDA化妆品评审专家76人，CFDA食品评审专家42人，CFDA药包材评审专家25人，其他国家级学术机构委员240人。

这些专家队伍的形成，一方面是在检验求是过程中逐渐培养和造就的人才成果，另一方面又同时为保证检验求是的巩固和发展起到重要的指导和引领作用。

人员学历情况　全国食品药品检验机构在编人员中，博士后52人（0.32%），博士336人（2.04%），硕士2887人（17.57%），本科9208人（56.01%），大专2640人（16.08%），中专及以下1313人（7.99%）。

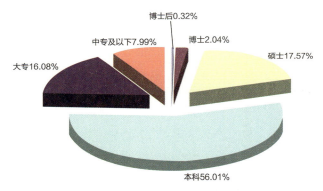

全国食品药品检验机构人员学历情况

链接：《全国食品药品监管中长期人才发展规划》指出，食品药品监管系统始终把人才队伍建设作为常抓不懈的战略工程。经过多年努力，人才队伍规模逐步扩大，整体素质不断提升，人才效能显著提高，在履行监管职能方面发挥了重要作用。未来十年，是我国全面建设小康社会的关键时期，党和国家对保障食品药品安全提出了更高要求，食品药品监管将步入科学监管轨道，人才发展的任务十分艰巨。我们必须科学规划、开拓创新、重点突破、整体推进，为实现科学监管、提升食品药品安全水平、促进社会和谐发展提供强有力的人才支撑。到2020年，培养造就一支规模适当、结构合理、业务精湛、素质优良的食品药品监管人才队伍，不断创新人才发展体制机制，营造人才发展的良好环境，为加快食品药品监管事业发展奠定坚实的人才基础。

2. 人员职业规划

职业规划就是对职业生涯乃至人生进行持续的系统的计划的过程。一个完整的职业规划由职业定位、目标设定和通道设计三个步骤构成。具体讲就是在对个人和内外环境因素进行分析的基础上，确定个人的职业发展目标，并选择实现这一事业目标的职业或岗位，制定相应的工作、教育和培训行动的计划，对每一步骤的时间、项目和措施作出合理的安排。

职业规划的合理建立 食品药品检验工作者多为药学专业科班出身。经历不同的岗位不同的工作历练，不断学习技术和方法，不断提高经验技能，其中大部分人成长为术业有专攻的业务骨干；小部分通过管理岗位的锻炼，成为既懂业务，又擅管理的中高级管理者；还有极少人经过长期的探索和研究，在某一领域取得突出成就，成长为专家型人才。

在职业发展过程中，合理的职业规划能通过快速确定目标，针对性培养提高，有效地缩短人才成长周期。首先可以通过平时的工作以及各种竞赛、活动等筛选人员，确定培养目标。目标确定后就可以采取针对性的培养措施，对于业务骨干型人才可以多创造机会让他们参加业务学习和锻炼，不断提高业务水平；对于管理型人才可以锻炼他们多组织活动，或参加管理课程学习、轮岗培训等迅速提高其管理能力；对于专家型人才可以多创造条件让他们参与技术含量较高的科研型工作，如进口药品标准复核，标准起草，国评等工作，通过在各自领域的科研型工作提高他们的科研能力，促进专家型人才成长，培养行业领军人才。

2013年，中国食品药品检定研究院李长贵研究员被评为国家科技部2012年中青年科技创新领军人才

通过有效的职业规划，帮助员工建立职业发展的双重或多重通道，引导员工有序地竞争有计划的成长，既是满足员工职业生涯发展的需要，更是为了建立起稳定的人才队伍的需要。通过稳定和激励，激发员工的积极性和创造力，确保机构技术水平的不断提升并促进组织的持续发展。

不同进入方式人员的特点及职业规划　公开招聘人员的特点及职业规划。随着《事业单位人事管理条例》的颁布实施，面向社会公开招聘成为各级食品药品检验机构新聘用人员的主要方式。通过公开招聘把优秀的人才选到最需要的岗位，优化人才资源，为食品药品检验机构的发展注入了生机和活力。通过事业单位统一招聘考录的人员，往往具有较高的专业理论水平、专业知识和较强的学习能力，他们一般处于职业生涯的起始阶段，对自己的职业发展方向不十分明确。

各级食品药品检验机构采取多种举措帮助公开招聘人员培养良好的规范的工作习惯，并逐步了解自己的专业能力、职业性格，建立起事业自己的职业目标和职业生涯规划。公开招聘人员因职业发展方向并没有完全确立，合理有效的培养对他们的职业发展将起到重要的引导作用。

链接：《事业单位人事管理条例》共10章44条，自2014年7月1日起施行，是我国第一部系统规范事业单位人事管理的行政法规。《条例》适应事业单位改革发展的新形势新要求，将岗位设置、公开招聘、竞聘上岗、聘用合同、考核培训、奖励处分、工资福利、社会保险、人事争议处理，以及法律责任作为基本内容，确立了事业单位人事管理的基本制度。《条例》的颁布和实施，对于建立权责清晰、分类科学、机制灵活、监管有力、符合事业单位特点和人才成长规律的人事管理制度，建设高素质的事业单位工作人员队伍，促进公共服务发展，具有十分重要的意义。

引进人才的特点及职业规划。通过人才引进方式进入各级食品药品检验机构的较高层次人才，一般具有博士以上学历。这类人员一般都已建立了明确的个人职业规划，并在自己所研究的专业领域已经取得了一定的成果，他们中的佼佼者经过实践锻炼和磨合，可以逐渐培养成某一学科的学科带头人。

2009年和2013年，中国食品药品检定研究院马双成研究员荣获中国药学发展奖杰出青年学者奖和第十四届"吴杨奖"

为确保高端人才"引得进留得下用得好"，各级食品药品检验机构积极营造尊重知识、尊重人才的氛围，正确引导鼓励高端人才开展国际学术研究活动，鼓励他们探索建立前瞻性研究项目，为有高端人才提供实验室条件及仪器设备，帮助他们尽快完成从论文博士到科研博士的转变，从地位的获得向成果的获得转变，从专业型人才向学术型人才转变。

链接：人才引进：就是指因工作需要，录用学历高于当地人才引进的最低要求的人才来当地就业。引进的人才一般是中国科学院、工程院院士以及国内外学术、科学技术带头人；有属于自主知识产权并达到国内外先进水平的专利、发明或者专有专有技术的人才；享受国务院特殊津贴的专家、省部级有突出贡献的中青年专家；具有高级专业技术资格或具有国民教育序列研究生学历并有博士学位人才。

政策性安置军转人员的特点及职业规划。作为政府设立的事业单位，食品药品检验机构的各级单位都接收了一定数量的军转复原人员。军转人员经过多年部队生活的锻炼，政治素质高、组织纪律性强、工作作风过硬、吃苦耐劳，执行力强，但他们一般对药品检验的专业理论知识和工作经验比较薄弱。

针对军转人员的特点，各级单位多措并举加强军转干部培养教育工作。既注重他们专业业务知识的再学习和再提高，提升他们的专业素质，同时根据每个人不同的特点，从严要求，给任务，压担子让他们在不同岗位上进行锻炼，闯出路子，积累经验。既实现了军转干部向食品药品检验工作者角色的顺利转换，又培养出了一支素质全面、能打硬仗的队伍。经过针对性的培训和实践，一些军转人员在各自岗位上成才立业。

第三节 人员整体素质的培养

能不能很好"求是"，关键是"人"的作用。食品药品检验机构人员的整体素质的培养和提升，直接关系到检验质量能否得到保证，食品药品检验工作者具备与本岗位相适应的素质，才能有效地实现本岗位的职能。

人才为本，是食品药品检验机构培养适应检验事业发展的人员队伍的理念。把人才成长作为推动食品药品检验事业发展的关键因素、第一资源的发展思路，为整个系统更好地顺应经济社会发展提打下了坚实的人员基础。

坚持人才培养多种方式、多种途径相结合，坚持遵循人才成长规律，坚持动态管理、优胜劣汰，坚持内部培养和外部引进相结合的方法，以人才保证发展为支撑，不断提高检验队伍整体素质。

1. 人才培养的机制和基本方式

培养机制 通过建立和完善人才培养机制，制定科学有效的人才培养措施，形成分层次、分类别、多渠道的人才培养格局，培养和造就一支理论扎实、作风严谨、具有较高技术水平的人员队伍；一支综合素质好、懂业务、会管理的复合型人才队伍；一支蓬勃向上、刻苦钻研、积极进取的检验专业技术人员队伍，以适应科学检验工作快速发展的需要，为快速发展的食品药品检验机构事业提供可靠保障。

完善人才工作机制：把人才工作摆上党总支和行政管理工作的重要议事日程，成立人才工作领导小组及人才管理工作常设机构，加强工作力量，建立长期稳定的人才培养机制。确立和形成利于人才尽快成长的人才选拔培养机制，制定人才培养的计划并组织实施，考核评价、选拔和任用各类人才。

优化人才激励机制：为保证人才引得进、留得住、用得好，制定各种激励优惠政策，从政治地位、工资待遇、事业发展上给予激励和保障。形成尊重知识、尊重人才的氛围。设立人才培养专项资金，用于人才引进、培养、使用以及对有突出贡献人才的奖励。激励他们充分发挥自身优势，为食品药品检验事业的发展贡献力量。

评价人才选拔机制：一步深化人事制度改革，继续完善民主推荐、民主测评、差额考察、公开选拔、竞争上岗、任前公示等制度，选拔一批德才兼备、群众公认、业绩突出的各级管理人才和后备管理人才，选拔一批专业水平高、业务精湛的学科带头人和青年后备学科学术带头人。

营造人才成长的良好环境：通过组织专业培训、学术研讨、继续教育等形式，加强对专业技术人才的系统培训，不断提综合素质。同时切实帮助他们解决工作和生活中遇到的困难，为他们创造良好的工作环境和条件。

培养方式 人才培养方式有多种，培养过程中可以多种方式交叉互补，以加强人才队伍政治素质、业务能力、职业素养和团结协作精神的培养，促进人员队伍素质的全面提高。

学历教育是提升专业水平和素质的基础手段。无论是药学专业技术人员还是管理岗位人员，都可以通过学历教育，在现有岗位上攻读硕士或者博士学位，以获得系统的理论提升。博士后或访问学者工作经历，通过集中时间和精力的学习，进一步提升专业实践经验和技术能力。

加强文化建设，通过各种形式的宣传和文化活动，提升全体人员的职业素养和文化理念。许多食品药品检验机构通过演讲、征文和PPT大赛等活动，激发员工爱岗敬业的责任感和使命感，同时提升职业严谨性的理念意识。

国内外进修、参观考察，是从感性到理性的培养人才方式。食品药品检验机构与国外相关机构建立长期合作关系，选派优秀专家型人才到国外的机构进行半年以上的学习培养，是培养学科带头人和专家型人才的重要方法之一。

实训基地的培养模式，是值得借鉴的一种培养人才方式。德国高技能人才培养经验——"双元制职业教育"是享誉世界的一种职业技能培训模式，被称之为二战后德国经济腾飞的"秘密武器"。江苏省食品药品检验研究院与扬子江药业建立医药企业生产、研发、实验室管理三种形式的实训基地，每年从每个科室选派一名优秀骨干人员，到扬子江药业实训10天，促进食品药品检验工作者技术能力提高，促进中层实验室管理水平提升。

师带徒的培养方式，是对模块式培训的一个补充。模块式培训按照知识体系的内容分解为多个单元，分别进行专题式培训，可以包括专家讲座或实践指导。师带徒的培养方式，是通过师傅带徒弟，长期有效地培养细节化的知识、技能和能力，同时职业道德素养也可以通过言传身教感染和传承下来。

检验技能竞赛通过竞技氛围和竞争状态，促进系统检验能力与技术水平进一步提高，有利于发现、发掘和选拔可造就的高素质检验技术人才，为食品药品检验事业的持续发展提供不竭动力，对促进食品药品监管事业的深入发展具有重要意义，并对进一步提高检验水平，保障百姓用药安全具有深远影响。

技能竞赛现场

各类培养方式参考

培养方式	受训人员			
	中高级管理者	学科带头人	技术检验工作者	复合型人才
学历教育	√	√	√	√
博士后或访问学者	√	√	√	√
文化建设活动	√		√	√
挂职锻炼	√			√
实训基地			√	√
师带徒	√	√	√	√
国外进修	√	√		
国外参观考察	√	√		
国内进修			√	
国内参观考察			√	√
专家讲座	√	√	√	√
技能大赛	√		√	√
多学科知识培训				√
对外培训基地		√	√	√

　　链接：仅2013年，全国检验机构参加各类培训共1.61万次，累计受训15.74万人次。包括国际培训103次，受训264人次；国家级培训2531次，受训5277人次；省级培训3794次，受训1.08万人次；单位级培训4235次，受训8.31万人次；科室内部培训4493次，受训5.03万人次；其他培训971次，受训7560人次。

　　中国食品药品检定研究院参加各类培训共1229次，累计受训6030人次。包括国际培训15次，受训15人次；国家级培训403次，受训807人次；省级培训632次，受训1614人次；单位级培训36次，受训1155人次；科室内部培训143次，受训2439人次。

2. 高中级管理者的培养

高中级管理者素质的提升，重点在于领导能力的提升。领导能力是管理者的个体素质、思维方式、实践经验以及领导方法等影响着具体领导活动效果的特征和行为的总和，是领导者素质的核心，包括学习力、决策力、组织力、教导力、执行力、感召力等。

高中级管理者素质领导能力提升途径主要有：管理课程学习、岗位轮换学习等。管理课程学习是指通过卓越领导力和高效执行力训练、有效沟通的技巧、高绩效团队建设、高级礼仪培训课程训练，使高中级管理者的综合素质得到增强，组织领导、决策指挥、战略执行和规划发展的能力得到提高。

链接：2012年7月21日-30日，中国食品药品检定研究院与北京大学合作举办了领导干部管理素质提升高级研修班，院领导及科室以上领导干部共151人分两期参加了此次培训。本次研修班邀请了北京大学、清华大学等知名院校的专家学者为大家授课，主要课程包括领导理念与领导艺术、高效沟通艺术、国际战略形势、经济发展与社会发展问题等，内容涉及政治、经济、社会、法律、道德、人际交往等多个领域。

3. 技术人员培养

在食品药品检验机构的各级单位中，技术检验工作者是检验工作、科研工作、管理工作的基层执行者。只有技术检验工作者的素质提升了，检验机构人员的整体素质才能得到有效提升。只有在技术检验工作者中贯彻了求真务实的科学检验精神，科学检验精神才能切实贯彻落实到日常工作中去。

检验技术人员有如下特点：① 有较高的学历和较强的持续学习能力；② 具有较强的自主性，倾向于工作中的自我管理；③ 更在意自身价值的实现，热衷于具有挑战性的工作；④ 不迷信纯等级式的权威，更信服知识和技术能力强的"引导型"管理者。

强化日常检验工作的规范化要求。无论是检验的基本操作，还是检验报告书的书写要求，把规范化要求贯穿到工作的点点滴滴中去。并通过日常检查、考试考核、管理评审、内审等形式不断强化，使规范化成为日常的检验工作习惯。

规范化操作

通过研究型的工作促进技术检验工作者知识、技能的提高。检验机构在完成日常监督检验任务之余，积极参与探索性、研究性的工作，如国家药品质量评价、仿制药一致性评价、国家药品标准起草等工作，使技术检验工作者有机会参与到较高级别的科学研究工作中，并在科研工作中锻炼、提高自己的技术能力和科学研究能力。

4. 复合型人才培养

复合型人才也称X型人才，或交叉型人才，是指具有两种或两种以上不同学科或专业知识的人才，其基本特征在于通过多学科知识的交融，形成新的知识，并成为新的思维方法和综合能力的萌发点，从而达到对原有知识、能力的超越。对于食品药品检验机构来讲，复合型人才一般包括既精通食品药品检验技术，又精通实验室管理的专业技术型管理人才；既精通检验技术，又熟练掌握专业外语知识和能力的国际型专业人才；既精通计算机技术又熟悉检验流程管理的信息管理人才。这类人才的培养，往往需要从考察筛选、培养提升到实践考核，经历一个较长的阶段。

选拔培养一批政治素质好、业务能力强、具有管理能力潜质的中青年人员，形成一支懂技术会管理的复合型人才梯队，统筹各类技术和管理人才队伍协调发展，是求是精神之要求。

首先可以通过举办技能大赛、团队活动、演讲比赛等活动筛选具备全面发展潜质的人选。复合型人才一般应具有熟练的专业技能、持续的学习能力、较强的组织协调能力和一定的创新精神。培养人选既可以通过领导小组讨论的方式产生，也可以通过量化赋分的方式择定。

中国食品药品检定研究院组织系统内青年专业外语大赛

复合型人才的培养人选选定之后，应针对性的制定详细的培养提升计划。在组织内培养复合型人才较为有效的方式是岗位轮换培训，一般可以把出身于检验科室的培养人选轮换到管理科室培养，把出身于管理科室的培养人选轮换到检验科室培养，通过岗位轮换给他们创造学习和掌握不同知识、技能、理念、思维的机会，使他们在技能提升的同时也有机会体验不同的思维角度，进而培养全局意识。对于侧重于某一特定方面能力的培养对象，还可以进行外出进修培养，如学习专业英语、学习认证认可准则要求、学习药典要求、实验室内审员学习等。

5. 专家型学科带头人的培养

学科带头人指科学共同体成员中，对推动学科发展能做出重要贡献者。学科带头人是人才能级结构中层次较高的人才，是指那些在本学科的建设中有重大学术成就，并以他们为核心而形成的学术梯队中的杰出学者。他们应该能够带领、组织和协调学术梯队的活动，是能使该学科领域的学术水平达到国内和国际一流水平的科技"帅才"。

学科带头人应是知识渊博，富于创造性思维和开拓意识，能把握学科发展方向，组织、团结和带动学科梯队为学科发展共同奋斗，在国内和国际学术界享有一定声誉的杰出学者。他们具有敏锐的观察力，丰富的想象力、创造性思维能力和高超的判断力，能不断自我完善和实现知识更新；学风严谨正派，有科学献身精神，在学科队伍中起到核心作用，在科学活动中起到主导作用。

首先要制定学科带头人选拔培养实施方案，使这项工作制度化。以提高药学学科人才素质为核心，以优化人才结构为主线，以培养能够带领药学学科发展实用型高层次人才和急需人才为重点，选拔培养一批药学检验水平较高、职业道德好、发展潜力较大的优秀中青年药学人才。

具体措施包括：① 根据培养计划，每年有计划、有重点地选送培养对象到大专院所进修学习，或者出国学习培训，学习国外实验室的先进技术。② 选派访问学者，鼓励高水平专业技术人员报考国家选派的访问学者和高级访问学者，同时积极与国外有关实验室建立联系，自行选派访问学者和高级访问学者。③ 根据工作需要引进不同学科的学术带头人。④ 鼓励专业技术人员积极开展科研工作，通过科研提升检验业务水平和业务能力。

食品药品检验事业的繁荣，某种程度上不取决于硬件设施，也不取决于人员数量，而在于物尽其才，人尽其用。在检验历史发展的长河中，一代代食品药品检验工作者恪尽职守、履职尽责，丰厚职业品格的积淀，不断淘换出检验求是的金沙，印证着检验求是中"人"的主导作用，是食品药品检验事业发展的关键因素和力量所在。

第 八 章

求是精神与世界的交汇共融

涛声越千年，风起再扬帆。历史的脚步发展到今天，求是精神已渗印入食品药品检验机构的血脉。当今接轨全球一体化的契机正在显现，我国食品药品检验机构坚持以求是精神叩关国际检验领域，走出了一条以跟随者、参与者和引领者为核心的国际合作发展道路，在合作中实现交汇，在交汇中达到共融。

求是精神是一个具有相当广度和底蕴的概念。始终尊重科学规律和专业技术规律，崇尚理性，通过科学技术手段，准确可靠地评价产品的安全性、有效性和质量可控性。这是食品药品检验机构，总结凝练得到的求是定义。在全球一体化日益彰显的大形势下，食品药品检验机构面临着来自国内外的诸多挑战。但机遇与挑战同行。检验机构在时代发展的浪潮中，秉承传统，勇于挑战，以骄然的姿态与世界进行互动共融。

第一节　生生不息的求是精神

求是之风源远流长，延至今日的食品药品检验领域，生生不息，在检验工作中进一步弘扬光大，逐渐升华为科学检验之求是精神，成为食品药品检验工作者的精神瑰宝和光荣传统。

1. 检验求是的地位和作用

揭示本质　求是，是追求真理的科学检验精神体现。正如德国哲学家黑格尔所说："思想走在行动的前面，就像闪电走在雷鸣之前一样。"我国食品药品检验工作者，适时总结出了"为民、求是、严谨、创新"的科学检验精神。由此，求是精神与我国食品药品检验工作具体实践紧密结合，发挥着指导食品药品检验工作者在工作中去粗取精、去伪存真，在检验实践中对检验样品得出符合客观实际的规律性的判断和结论的作用。

▶ **案例**：20世纪70年代的安乃近注射液事件对当时的药检行业是个新的挑战。这种解热镇痛药非常有效，应用也很广泛，但在一些病人中却发生了严重的临床不良反应甚至致命。应该怎么办？

1972年1月，天津市药品检验所在下厂检查药品质量过程中了解到，内蒙古、山西、河北等地的群众来信反映有19例患者使用本市生产的安乃近注射液后出现注射部位红肿、化脓、局部组织坏死、高烧、

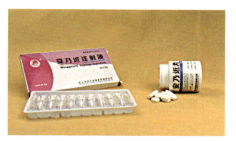

安乃近注射液及片剂

重则造成死亡。工作人员迅速对该产品进行复验，结论也是符合国家标准的。但他们没有止步，迅即开展了更加深入的调查研究，很快发现安乃近注射液确实存在着严重的临床反应，上报卫生部后引起了高度重视。卫生部采取应急措施，及时控制了事态的发展，全国药检系统迅速行动起来，在全国安乃近问题质量协作组的深入研究下，进一步发现安乃近及其注射液中含有另一种杂质，该杂质数量的多少既反应生产控制及质量管理水平，更是安乃近产品质量优劣的重要指标。据此研究成果，自《中国药典》1977年版开始，历版药典均在安乃近原料的质量标准中增订了"4-N-去甲基安乃近的限量检查"项目。通过对安乃近质量标准的进一步改进和完善，确保了用药安全有效。

体现能力 求是，是能力建设的基础。俗话说："有了金刚钻才能揽瓷器活"，食品药品检验机构能力建设水平的高低，关系着食品药品检验工作者的技术水平和科研能力，关系着食品药品检验事业的长远发展，关系着人民饮食用药安全的保障。一分能力体现一分求是，检验求是精神，为食品药品检验机构"人才保证发展，管理服务检验，科研提升水平，文化创造环境，合作促进提高"的能力建设主线提供了强大的精神保障。

链接：我国食品药品检验机构能力水平的攀升，直接助推着医药产业的发展，也顺应了广大人民群众宣药疗疾的极大需求。据不完全统计，改革开放30年来，我国新审批了 168874种国产新药，4580种进口药品进入中国市场，我国医药工业增长速度也一直高于国内生产总值（GDP）的增长速度。

医药工业生产总值（七大子行业，现价,亿元）变化

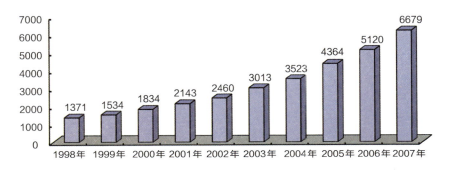

改革开放30年来，医药工业总产值从1978年的79亿元增加到2007年的6679亿元，翻了五番。

展示作风　求是，展现出了食品药品检验工作者在思想、工作和生活等方面比较稳定的态度和行为风格。食品药品检验机构自形成伊始就孕育着"求是精神"。在不厌其烦的实验里，在科学数据的求证间，在药品标准的精进中，求是之风影随身行，并在检验工作实践中不断得到丰富和发展，在保障人民饮食用药安全过程中屡屡得到检验和印证。

案例：医用透析液、透析粉是一种常用的"三类"医疗器械，临床主要用于急慢性肾功能衰竭，尿毒症以及急性药物中毒需要透析的病人。透析液的溶质浓度（如钾、钠、钙、镁等）的准确性是血液透析浓缩物质量监管

的关键环节，其透析液配制和滴定的准确性成为检验检测的重点难点。2006年，关于医用透析液、透析粉的新行业标准出台后，天津市医疗器械检验检测中心的实验人员发现，由于标准中某些试验条件还不够具体，给实验操作带来诸多不便，也不利于确保实验数据的重现性和准确性。新标准面前，他们并没有浅尝辄止，而是通过一遍遍的方法验证，细化实验操作SOP，连续7天的无间断实验，探求最科学的实验方法。

检验工作者在进行透析液试验

正是这种技术上的"钻"劲儿，咬定青山不放松的求是精神，才积淀了整支队伍的技术功底和经验。2013年3月，在央视对透析浓缩物、透析设备的质量和监管问题进行曝光后，天津市医疗器械检验检测中心接到对全市透析浓缩物样品开展应急检验的任务，24小时连续奋战，仅用3天时间，出具了检验报告。用可靠的实验数据，为行政监管提供了有力的技术支撑，保卫了老百姓的用械安全。

成长公信　求是，在食品药品检验事业的发展以及公信力的树立过程中，使食品药品检验机构逐渐走进公众的视野并得到淬炼和认可，成为政府食品药品监管的技术支撑和老百姓饮食用药安全的依靠。仅2013年，全国食品药品检验机构就受理了102.03万批检品，完成了95.28万份报告，每份报告书都集中体现了食品药品检验机构的成长、公信力的承载。

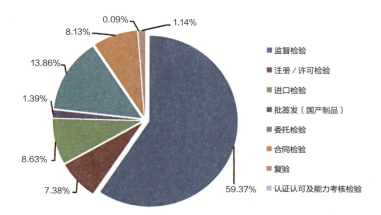

0.09%　　1.14%
8.13%
13.86%
1.39%
8.63%
7.38%
59.37%

- 监督检验
- 注册／许可检验
- 进口检验
- 批签发（国产制品）
- 委托检验
- 合同检验
- 复验
- 认证认可及能力考核检验

全国各类检定机构报告书完成情况

　　树立形象　求是，在"全国药检一盘棋"的"大药检"管理理念下，逐渐锻造出"中国药检"品牌，这是全国食品药品检验工作者的一张"集体名片"。在食品药品检验事业发展中，广大食品药品检验工作者正是在"求是"的科学检验精神引领下，历经风雨，在职能不断完善的蜕变中，在与世界交汇共融的进程中，充分发挥了主观能动性，展现出了顺应时代发展的生机和活力。

实验室开放日活动

2. 检验求是的保障

履行职责是永恒主题　求是，是科学检验的技术体现。食品药品检验机构面对的是与人的生命安危息息相关的高科技产品，因此，要求食品药品检验工作者必须始终尊重客观规律和专业技术规律，崇尚理性，通过科学技术手段准确可靠地评价产品的安全性、有效性和质量可控性，保持检测和校准实验室的独立性，提高诚信度。这是食品药品检验机构必须努力完成好的第一要务。

2013年度各类检品受理情况

单位：批

分类	化学药品	中药、天然药物	药用辅料	生物制品	医疗器械	药包材	食品及食品接触材料	保健食品	化妆品	实验动物	其他类别	合计
全国机构	376899	269247	9223	18920	64240	19640	182082	30249	24330	571	24851	1020252
中检院	1991	2231	133	9146	2004	268	578	111	5	253	689	17409

求是的意识和孜孜追求　求是，是食品药品检验工作者优秀品质的历史传承。检验求是来源于实践，并被检验实践时时印证。食品药品检验工作者必须把保障和服务于人民群众健康福祉作为首要的价值取向，并在检验实践中进行认真的研讨，深刻理解，不断丰富、完善和发展检验求是，不断摸索和总结符合食品药品检验的客观规律，不断摸索和总结符合检验求是的技术路线，并赋予其顽强的生命力和现实的指导意义。

执法人员应用快检仪对中药材及饮片中的二氧化硫残留进行快速检测

求是的制度保障　求是，是食品药品检验机构践行科学监管理念的现实需要。食品药品检验机构要在科学监管理念指导下，将检验求是落在实处，遵循"服从监管需要，服务公众健康"的宗旨，通过药品质量管理体系建设，大力促进技术创新和管理创新，紧紧围绕标准科学、程序规范、方法合理和结果准确来开展检验工作，不断推动我国食品药品检验体系科学发展。

链接：我国药检行业的实验室自1989年以来，根据《中华人民共和国计量法》的规定，均进入了中国计量认证（CMA）的行列，在求是精神的引领下，食品药品检验工作者根据自身的服务对象、检验能力、地域特点、工作目标等，制定出了符合自身特色的检验质量方针，质量方针的提出与贯彻执行，使得以中国食品药品检定研究院为龙头的，全国33个省级药品检验所，352个地（市）级药品检验所，

《药品检验实验室质量管理手册》

共386家食品药品检验机构，在求真求是中，逐渐形成了共同信念、价值标准和行为规范，并以《质量管理手册》的形式表现出来。

进入新世纪，求是精神像一味催化剂，使中国药检行业的能力发展迸发出勃勃生机，迈开了实验室建设的步伐，与世界共融、与世界共同、与世界共信。截至2014年，全国有85个机构获得国家实验室认可（CNAS），省级药检机构对药典品种全项检验能力达到了100%以上，地市级药检机构达到了85%以上。也是在CNAS这座基石上，我国食品药品检验机构依据行业的标准和规范，不断加强着自身建设，积极适应着经济社会不断前进的需求，以公正的行为、科学的手段、准确的结果，为社会提供有效的、不竭的服务。

3. 检验求是的发展趋势

与监管形势相适应 药品检验作为药品监督管理的重要环节，以及技术监督的骨干力量，在与其他监管环节的衔接与配合过程中，发挥着实施监管不可或缺的技术支撑作用。检验求是，在各级食品药品检验机构履行《中华人民共和国药品管理法》所赋予职能的过程中，在不断适应我国食品药品监管的需要，在对监管提供技术支持、对安全进行技术保障、对市场进行技术监督以及为企业提供技术服务等方面必将发挥不可或缺的作用。同时，随着食品药品监督管理专业化水平的提高，"中国药检"国际影响力和话语权的增加，以及药品走出国门、服务人类健康的进程中，检验求是将会不断得到淬炼、丰富和发展。

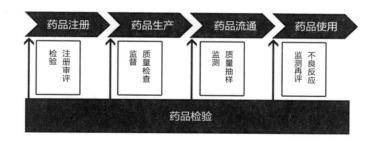

案例：2012年，在历经四个月的全国铬胶囊应急检验中，仅中国食品药品检定研究院就承担了对媒体曝光的9家企业45批产品的监督检验；全国流通环节随机抽取3000批胶囊剂中的103批样品的监督检验，以及涉案生产企业的胶囊剂产品及所用的明胶空心胶囊壳的委托检验和全国所有企业的检验复验。中国食品药品检定研究院包装材料与药用辅料检定所，在第一时间会同专家组查阅药典、相关标准及文献，对试验条件进行比较、验证，在短短5天的时间里起草了《胶囊剂的明胶空心胶囊壳中总铬检测方法的指导原则》，很快先后建立起ICP-MS非标方法、X射线荧光法快速筛查方

法，用于铬超标胶囊壳的复验和快速筛查，极大地统一和协调了全国铬超标检验战线上的步伐。

与科学技术不断进步相适应　求是，是"科技强检"的助推剂。科学技术的应用，要与构建技术过硬、科学规范、运行高效的食品药品检验体系，不断提升我国食品药品检验的统一性、权威性和公信力等相适应。科学技术的应用过程，也是求是在检验实践中不断总结和丰富发展的过程，同时，求是也使食品药品检验工作中科学技术的应用愈加的安全，愈加容易实现，愈加的高效、稳定，可监测、可追溯、可调控。

检验工作者在开展科研工作

🔗　**链接：**我国食品药品检验机构坚持"检验依托科研，科研提升检验"的总体思路，科研能力和水平不断攀升。仅2007-2013年，承担国家级课题累计610项，争取各级科研经费11亿多元。其中以中国食品药品检定研究院牵头，全国检验机构协作开展的科研项目有30项，涉及38个省市所。广泛参与2010版和2015版《中国药典》标准的起草和制修订，以及药品和医疗器械标准提高、药品标准统一等工作，年均参与药品标准修订复核2000多个，累计制修订医疗器械标准768个。药品快检快筛等技术研究与应用，取得了突出成绩，走在了世界前列。

与信息技术的发展相适应　信息技术的应用是实现检验求是的重要手段和途径。我国食品药品检验机构，目前已经初步实现了计算机联网、计算机之间的数据通信，资

> **小贴士**
>
> 信息技术：信息技术是指有关信息的收集、识别、提取、变换、存贮、传递、处理、检索、检测、分析和利用等的技术。

源共享，并着手加快完成快检数据网络平台建设，以促进我国食品药品检验系统信息化建设的科学发展。随着监管现代化要求的不断提高，求是的方法也会随着信息技术的应用不断得到创新。

第二节　面临全球竞争的严峻挑战

在全球一体化日益彰显的大形势下，食品药品检验机构面临着来自国内外的诸多挑战。当前国内改革开放正处于不断深化阶段，经济、科技等领域面临着调整机遇，而西方发达国家的检验机构凭借在监管成效、社会公信力、检验技术、标准制定、信息化程度等优势已经大跨步地走在世界的最前沿。那么，要想与国家检验机构进行有益地互动接触，摆在面前的第一道难题便是，如何以求是精神直面全球竞争带来的严峻挑战。

1. 理性看待中外监管差距

任何事物的产生与发展都不是单纯的偶然现象。中国和西方发达国

家的历史进程不同，因此需要用理性的眼光看待各个历史时期社会发展的不平衡，需要用客观的态度对待中外食品药品监管的现实差别。

发达国家的监管历程 国外发达国家对食品、药品安全性和有效性的监管探索较早，积累了丰富的监管经验。以美国食品和药物管理局为例，其监管模式是历经一个世纪不断探索适宜性规律所在的必然结果，镌刻着各个发展阶段社会和经济的深刻背景，折射出不同时代民众的殷殷呼唤。

🔗 **链接：**美国食品和药物管理局（U.S. Food and Drug Administration，简称FDA）成立于1906年，至今已有一百多年的监管历史。历经时代变迁与岁月打磨，如今FDA以其高效的监管体系、完善的法律支撑、清晰的职责分工和专业的技术团队，成为全球食品药品监管领域的领跑者，在美国、欧洲，乃至全球树立了监管典范。在全球一体化日益加剧的今天，这些优势轻而易举地转化为雄厚的竞争实力，而之于其他国家包括中国在内，则无疑成为赶超发展的巨大障碍。

美国食品与药品立法 欧美国家的百年监管之路并非坦途，他们同样历经了各类食品药品安全突发事件。以美国为例。1906年美国《纯净食品与药品法》颁布，标志着FDA的建立与运行。成立之初，FDA监管方法为伤害在先，监管在后，收效甚微。监管滞后性还引发了一系列社会问题。其中最严重、影响范围最大的当属磺胺酏事件，直接导致107人因肾衰竭死亡。磺胺酏事件是惨痛的，但它却催生了美国《联邦食品、药品和化妆品法》（Federal Food，Drug and Cosmetic Act，简称FDCA）的颁布与实施，这是第一部要求在药品销售之前进行科学实验的法律，它拉开了FDA对食品、药品、医疗器械等产品进行监管和检验的序幕。2011年1月4日，美国总统奥巴马签署了《FDA食品安全现代化法案》（FDA Food Safety Modernization Act，简称FSMA），这是70多年来美国对现行法律的重大修订，也是美国食品安全监管体系的重大变革。该法案将构建更为积极的和富有战略性的现代化食品安全"多维"保护体系，妥善解决食品安全和食品防护问题。

完善的监管法规体系　成功立法并不意味着一劳永逸，有效地实施并真正确保食品药品安全才是最终目的。为了有效地执行法案，美国国会授权FDA根据FDCA和《美国行政程序法》，制定出药品监管具体要求的法规（Regulation）。有关食品和药品的法规主要收载在《联邦管理法规》（CFR）第21章内（21CFR）。由于法规颁布程序复杂、耗时较长，FDA采取了更可操作的方法，即对每一个法规事项发布指导原则文件或指南（Guidance to Industry & Guide）进行解释。虽然这些指导文件本身并不具有法律约束力，但却能在短时间内对具体事项给出明确指示。透过美国药品监管法规的发展进程，不难看出美国药品的监管法规体系从严格意义上讲，共有自上而下三个不同等级，并呈金字塔状。

链接： CFR是美国联邦政府各行政部门在《联邦公报》上发布的各项永

久性规定的法典编纂，内容按年度进行更新。21CFR是企业提交申报资料内容的法定规则和要求，FDA依据相应条款向申办企业发出申请缺陷通知、现场检查报告、警告文件等，其中21CFR中的200-369节主要对人用药品的管理，包括对药品标签、处方药广告、处方药的流通、注册和目录、GMP、药品名称、新药研究、新药申请、罕见药、生物利用度和生物等效性、非处方药提出了具体的要求。

我国食品药品监管探索　新中国成立后，药品监管由卫生部门负责并稳步发展。改革开放以后，在市场化经济大潮的影响下，医药产业得到迅速发展，那时药品监管的相关职能分散在卫生部药政局、器械局、国家医药管理总局及国家医药管理局、国家工商局、国际技术监督局等多个部门，甚至有人形象地将这种多部门管理模式戏称为"九龙治药"，这无疑造成监管工作难上加难。1998年4月16日下午，国家药品监督管理局的牌子悄然挂出。没有隆重的仪式，但这一刻已经载入了药品监管史册，成为我国药品监管历程中浓墨重彩的一页。2003年，机构更名为国家食品药品监督管理局；2013年对现有职能进行整合，组建国家食品药品监督管理总局。

　　改革开放30多年，我国取得了举世瞩目的成就，实现了经济跨越式发展。中国经济的快速发展令世界震惊，但随之而来的其他领域基础相对落后也是切实存在、不可回避的现实问题。特别对于起步较晚的食品药品监管部门来说，在发达国家不同时期渐次出现的食品药品安全问题，近些年在我国集中爆发。这是当前我国食品药品监管需要面临的重要挑战之一，也是中外监管在发展历程的典型差别。

2. 客观面对中外检验区别

FDA的百年监管史和我国的监管实践生动说明了：加强监管确保安全，最终要通过科学证据解决问题。这里的科学证据是指，与时俱进的食品药品检验机构出具的结果报告。

中外食品药品检验机构在组织机构、承担职责等方面存在着显著差异。国外政府实验室通常在标准制定、科学研究等方面投入较大，为在尖端领域取得科研成果打下了坚实基础，而我国政府实验室的工作宗旨是服从监管需要、服务公众健康，因此我国检验机构工作的落脚点是为行政监管、为社会公众提供技术支撑，这也是中外检验的重要差别。

英国国家生物制品检定所（National Institute for Biological Standards and Control：简称NIBSC）是英国国家实验室、欧盟控制药品进入欧盟市场的官方药品控制实验室（OMCL），承担英国本土和欧洲的生物制品批签发，提供对投入英国市场生物药品的独立测试。NIBSC组织机构按照职能分为两大部分：一部分包括疫苗科室、生物治疗药物科室、技术发展和基础部门；另一部分包括运转、人力资源、财务和计划质量部门，负责健康、安全和环境、标准品生产、维护、工程项目、供应、保安、庭院。NIBSC的主要服务对象包括英国卫生部、英国输血服务机构、英国防御科学与技术实验室、欧洲药品评价机构、欧共体、世界卫生组织等组织机构。NIBSC作为WHO指定的国际标准品实验室，是目前全世界最主要的国际标准品和参考品生产者和分发者，生产超过95%的国际标准品。其资金主要来源于英国政府，部分出自合约工作、科研基金、标准品处理费用以及认证费用。

国外药品检测实验室

欧洲药品质量与健康管理局（European Directorate for the Quality of Medicines & HealthCare，EDQM）：是欧洲理事会的一个分支机构，内部共设有9个职能部门，其中实验室部是唯一的内设实验室。所有EDQM的实验项目均由实验室部组织和实施，负责参加欧洲药典起草和改版修订工作，包括对新建立及修订后的各论质量标准进行具体实验得到最终验证和确认；承担建立和监测欧洲药典标准物质的职责，通过联合OMCLs组织参与对照品的协作标定，并定期参加实施PTS项目，以保证实验室相关事务和检测活动持续满足ISO 9001和ISO/IEC 17025的规范要求。实验室职位分为三级，分别为正副主任（head/deputy head）、组长（study director）和实验技术员（technician）。实验室分三个大部门：化学分析部、生物与微生物部和日常管理保障部。化学分析部有6个组，1组至5组为理化实验组，各组根据药典各论品种进行分类，分工负责相关药典质量标准和对照品工作；6组为监测组，工作内容包括对照品稳定性监测，承担PTS项目，实施上市药品监测及评价性抽验和客户服务等。生物与微生物部单独为一个组，主要从事与生物标准品及抗生素国际标准品相关活动。

国外药品检测实验室

韩国国家食品药品安全评价研究所（National Institute for Food Drug Safety Evaluation，NIFDS）：位于韩国首尔，建筑面积约9万平方米，现有400多名员工。NIFDS下设3个中心（服务中心、国家血液制品批签发中心和药品研发协助中心）和6个处（医疗器械评价处、药品评价处、生化药品和草药评价处、食品安全评价处、药品和医疗器械研究处、毒理评价和研究处），主要工作职责为食品、药品、草药和医疗器械的评价研究，并开展有关毒理、药理、临床试验、风险评估等，实验室主要分为遗传免疫实验室、P2实验室、微生物实验室、高尖端仪器实验室等。

国外药品检测实验室

我国食品药品检验系统：由中央、省、地市三级政府食品药品检验机构组成，为行政监管提供技术支撑。到目前为止，全国共有地（市）级以上药品检验所386个，其中国家级食品药品检验机构1个，省级食品药品检验所33个，地（市）级食品药品检验所352个。根据实际需要，18个药品检验所被确定为口岸药品检验所，8个药品检验所被授权承担生物制品批签发工作。

西区鸟瞰图

东区鸟瞰图

中国食品药品检定研究院新址模型图

监检层面凸显的挑战考验着食品药品检验机构以及身处其中的检验工作者。应对挑战的关键，在于持之以恒地坚持求是精神，不断扩展检验项目范围，日益精进检验技术，开发利用高精尖仪器设备，提升实验室全面科学化水平，逐步缩小与世界先进水平的差距。

第三节　接轨国际规则的战略抉择

当今全球一体化进程不断加快，接轨国际规则的契机正在显现。为了精准把握接轨国际规则的机遇，让我国食品药品检验在全球检验领域崛起并站稳脚跟，必须科学研判世界检验行业的发展走向，采取适宜的国际战略。这既不能照搬西方的发展经验与模式，也不能故步自封继续依靠政府庇护走"铁饭碗"的老路，而是要在求是精神的指导下，深入探索接轨国际规则的契机与空间，选择走出一条以跟随者、参与者和引领者为核心的"三步走"发展之路。

1. "三步走"之跟随者战略

中国已经成为世界上最具活力的市场之一。我国食品药品检验机构面临着"国际竞争国内化、国内竞争国际化"的艰难局面，在这个关键时刻，检验机构坚定地迈出了与国际接轨的第一步，即坚持求是精神，以仰视的角度跟随国际一流实验室的前进步伐，通过开展WHO实验室预认证等活动，开启以实验室认可、互认为尺度的国际交流与对话，让全世界看到并初步了解我国食品药品检验机构，打开国际知名度。

中国合格评定国家认可委员会（CNAS）的实验室认可　CNAS是我国权威的认可机构，由国家认证认可监督管理委员会批准设立并授权的国家认可机构，统一负责对认证机构、实验室等相关机构的认可工作。它是在原中国认证机构国家认可委员会（CNAB）和中国实验室国家认可委员会（CNAL）基础上合并重组而成。作为国际性认可合作组织以及区域性认可合作组织的多边互认协议成员，CNAS已经签署了国际范围和亚太区域现有的全部多边互认协议，标志着通过CNAS实验室认可的检验机构，在签署的承认协议范围内允许使用国际互认联合标识，其检验结果能够得到协约国承认。

国际认可论坛标识　　　　　　　国际实验室认可合作组织标识

1999年，我国食品药品检验机构首次尝试申请CNAS实验室认可。为了实现与国际准则接轨，检验工作者秉承求是精神，钻研CNAS-CL01《检测和校准实验室能力认可准则》条款，曰报的每一项检验能力都经受住现场试验、测量审核、现场演示、现场提问、查阅资料、核查仪器等方式的考核与确认，在检验能力、实验室仪器设备、人员技术水平、内部质量控制以及服务水平均达到实验室认可要求。

🔗　**链接：**自1999年中国人民武装警察部队药品仪器检验所、2002年中国药品生物制品检定所和上海市药品检验所率先通过CNAS认可后，许多药检所陆续按照国际通行的ISO/IEC 17025实验室认可准则要求，完善自身质量管理体系。到目前为止，全国已有85个药品检验所通过了CNAS认可，获得实验室国家认可资质，意味着已经取得了参与国际间实验室双边、多边合作的"通行证"，出具的数据和检验报告能够在亚太实验室认可合作组织（APLAC）和国际实验室认可合作组织（ILAC）60多个国家和地区之间互认。

1999年中国人民武装警察部队药品仪器检验所第一个通过CNAS认可

WHO药品质量控制实验室预认证 质控实验室预认证是以
2010年颁布的WHO良好实验室规范为认证标准。这一标准不仅包括
ISO/IEC 17025《检测和校准实验室能力》的一般要求，还纳入了大量国
际先进标准，如欧洲药典、药品良好实验室规范（GLP）、药品生产规范
（GMP）等。

链接：中国食品药品检定研究院于2007年向WHO表达了申请药品质量
控制实验室意向，2010年5月正式提交实验室相关材料，2010年6月～2012年
10月，WHO派出专家对中国食品药品检定研究院进行预审查和技术指导。
2012年12月，WHO正式宣布中国食品药品检定研究院化药所完全达到了
WHO要求，成为全球第26家、西太平洋地区第3家通过预认证的实验室。截
至目前，北京市药品检验所、大连市药品检验所等检验机构正在积极筹备申
请WHO-PQCL认证。

WHO专家在大连市药品检验所辅导培训

2. "三步走"之参与者战略

　　了解是展示和合作的前提。通过实施跟随者战略，让全世界认识到中国食品药品检验力量。但还应该清醒地认识到，与国际一流实验室存在的现实差距。要赶超先进，食品药品检验机构必须坚持求是精神，以平视的角度积极参与国际交流与合作，通过互派专家学者、参加国际会议、参与国际标准制修订和国际实验室间比对等活动，扩大我国食品药品检验的国际影响力。

　　开展国际交流活动　开展国际交流、参与合作项目是融入世界检验领域的最快途径。在求是精神的指导下，我国食品药品检验机构定期参与权威性的国际会议，与一流实验室建立长期交流机制，拓宽渠道、完善措施、不求数量、只讲效果，取得丰硕成果。

链接：作为食品药品检验机构的技术龙头，中国食品药品检定研究院在"十一五"期间，采用"走出去、请进来"相结合的方式，与世界卫生组织、美国食品和药物管理局、英国国家生物制品检测实验室、日本国家卫生试验所、丹麦血清研究所等20多个国际组织、国家和地区的相关机构开展了多渠道、多领域、深层次的合作交流。进入"十二五"，中国食品药品检定研究院继续加大国际交流力度，三年间（2011～2013年）共派出676人次赴美国、法国、德国等30多个国家及地区考察访问、参加国际会议及研修，国外专家来院访问与培训680人次，在培训人数和培训质量上有较大丰富与提高。

省市级食品药品检验机构也开展了卓有成效的国际交流活动。江苏省医疗器械检验所自2004年与国外的科研院所保持长期的沟通与交流，积极参与各类国际会议，赴美国、以色列、韩国等地进行学术访问。广州市药品检验所作为国家最早成立的四个口岸所之一，2009年与美国药典会（USP）签订合作备忘录（MOU），双方在化学药、草药、生物制品和食物补充剂等产品方面加强交流与合作。2013年，山东省食品药品检验所与美国药典会合作建立美国药典光谱数据库重点实验室，这是美国本土外全球第一个挂牌的美国药典光谱数据库重点实验室，双方在美国药典各论修订、联合举办了药典培训和用户论坛等方面开展广泛合作。

江苏省医疗器械检验所赴德进行电磁兼容检测系统产品技术交流

美国药典光谱数据库
重点实验室揭牌仪式
在山东举行

参与国际标准制修订　参与国际标准制修订以及推动我国标准国际化是对我国食品药品检验技术能力的最佳肯定。在求是精神的指导下，检验机构积极参与美国药典委员会、WHO组织的国际标准制修订工作，不仅有助于提升全国检验机构制定并执行国际药典的能力，同时促进了我国药品标准提高，为打破技术性贸易壁垒，加快我国医药产品进入国际市场发挥了积极作用。

链接：全球基金（The Global Fund to Fight AIDS，Tuberculosis and Malaria）自2002年成立以来，在140个国家实施了572个国际项目，致力于吸纳和拨付各种额外的资源，来预防和治疗艾滋病、肺结核和疟疾。2010年7月，全球基金首次与国家食品药品监督管理总局开展"卫生系统加强（HSS）"合作计划，即通过为期三年的相关药品标准提高和GMP体系建设工作，提高一批国产药品品种的质量标准和生产水平，促使这些药品在质量标准上与WHC《国际药典》标准要求一致；在产品生产水平上可以达到并通过WHO的PQ认证，推动我国药品生产企业更好地参与国际市场竞争。天津市药品检验所、北京市药品检验所、河北省药品检验院等13个检验机构在2013年6月30日前完成了拉米夫定、利福平等50

个品种的标准提高修订工作，为中国标准和中国药品开启了通向国际的大门。

3. "三步走"之引领者战略

我国科技创新能力与国际先进水平差距进一步缩小，但在药物创新研发领域依然相对落后。面对产业创新困境，食品药品检验机构毫不退缩，坚持求是精神，凭借生物制品、快速检测技术、中药检验、医疗器械标准管理等方面有所作为，已经走在了世界的前列，并以俯视的角度在优势领域引领全球检验的行业发展，推动我国医药产业国际化进程，在全球形成典范力。

国家疫苗监管体系通过WHO评估　WHO提出：对于一个国家而言，要保证疫苗的质量，必须要建立独立、完善、有效行使监管职能的体系，即健全的国家监管体系。只有具备了WHO认可的健全的疫苗监管体系，该国生产的疫苗才能具备申请WHO认证的资质条件，企业通过WHO认证后，才能进入联合国疫苗的采购清单。为了尽快帮助我国疫苗企业进入国际市场，2009年7月，国家食品药品监督管理总局开始筹备申请WHO的疫苗监管体系评估，2010年12月13日至17日，WHO启动了为期5天的正式评估。

在评估过程中，作为国家监管的技术支撑机构，中国食品药品检定研究院准备充分，在疫苗批签发体系和实验室管理引进了WHO国际化理念，并以满分顺利通过技术评估。2011年3月，WHO正式宣布我国疫苗监管体系通过了WHO的评估。

小贴士

WHO疫苗监管体系评估：该评估是一项世界范围内公认的，可以科学、全面评估一个国家对疫苗监管水平的国际考核。该考核是一项持续性工作，即首次通过评估后的两到三年内接受WHO的再次评估。

2014年4月通过WHO总部的再评估。这充分证明了我国监管机构在疫苗监管功能的健全度，验证了中国食品药品检定研究院在生物制品批签发和实验室管理已经达到国际先进水平，为国产疫苗开拓了走向世界市场的通道。

长期开展生物制品质量控制的技术研究　为了缩小与世界先进水平的差距，食品药品检验机构在求是精神的指导下，紧跟世界科技的发展步伐，立足自主创新，引进、吸收、再创新，依托国际科技项目，积极探索生物制品质量控制的技术研究，不仅对样品进行科学检验，还要全面掌握产品的研发、生产、管理技术，尤其对质量控制的薄弱环节、重点、缺点和盲点进行重点攻关，超前研究出一些控制技术和检验手段，抢占技术制高点，促进了国家多个创新生物技术产品的研发，支持了一大批生物制药产业，在国际上努力争夺国际话语权，发挥主导性，走出一条引领全球的发展道路。

▶ **案例：**　　　　我国自主研制与生产的乙型脑炎减毒活疫苗

国产乙型脑炎减毒活疫苗是我国单产品产值和出口额最大的疫苗，年产值约6亿元人民币，已先后在韩国、印度、尼泊尔、泰国等亚洲国家广泛使用，出口量逐年递增。

中国食品药品检定研究院对该乙脑活疫苗减毒株的研究始于1954年，检验工作者经过大量试验筛选出具有广谱免疫原性的乙脑强毒株，并采用地鼠肾原代细胞、小鼠脑内、小鼠腹腔等多种传代方法，历经138代次驯化，最终获得了SA14-14-2减毒株。1987年，将该技术转让于成都生物制品研究所，并共同开发乙脑炎减毒活疫苗的生产工艺和质量标准，1989年获得国家生产文号和新药证书。为了明确乙脑减毒活疫苗的减毒机理、从分子水平对该疫苗的质量进行控制，2013年12月中国食品药品检定研究院与德国马克斯－普朗克生物物理研究所合作开展"乙脑病毒蛋白的超量表达及结构解析"研究，最终获得了符合结晶需求的蛋白。2013年10月，国产乙型脑炎减毒活疫苗首次通过WHO预认证，进入联合国采购机构的药品采购清单，这在我国疫苗发展史上具有里程碑意义。今后必将有更多的国产疫苗走出国门，为造福全球人民健康发挥引领和示范作用。

第四节　以合作提高实现交汇共融

在全球政治、经济、科技日趋融合的大时代下，我国食品药品检验机构必须走向世界舞台，通过开展国际合作与交流，提升综合实力，从而带动我国医药产业走出国门、迈入国际市场。与此同时，世界同样需要我国食品药品检验机构共担国际责任。伴随着中国政治、经济的日益强大，我国检验机构逐渐成为国际上一股不可或缺的检验力量，与其他国际同行进行有益地互动与交融，影响并带动着世界发展。

1. 以合作促进求是能力提高

我国食品药品检验机构坚持以求是精神叩关国际合作与交流的大门。从最初参与WHO、美国FDA等组织的权威性国际会议，到如今作为主办方召开"首届生物材料与组织工程产品质量控制国际研讨会"、"国际药品快检技术论坛"等高水平国际会议，这是世界对我国检验机构地位的认可；从过往跟随执行国际标准，到现在参与并制修订标准，这是世界对我国检验机构能力的肯定；从汲取积累国际合作经验，到共同开展国际合作项目，这是世界对我国检验机构执行力的信任；从开展实验室认证认可打牢国际互认基础，到自主研发快检等国际领先技术，我国检验机构赢得了世界的尊重和掌声。如今，在"合作促进提高"思路的引领下，国际合作交流日益频繁。仅2013年，全国食品药品检验机构执行EV71生物制品国际标准品等合作项目48项，承办世界卫生组织生物制品生产用细胞库特性描述建议实施研讨会等国际会议12次，出访435人次，国外来访专家280人次。

链接：2013年，中国食品药品检定研究院继续深化与WHO、英国、德国、加拿大、欧盟、美国、日本等国家先进实验室的双边交流与合作，选派专家96人次应邀出席世界卫生组织（WHO）、联合国环境规划署（UNEP）、国际标准化协会（ISO）、国际组织工程与再生医学学会（TERMIS）、西太区草药协调论坛（FHH）、人用药品注册技术要求国际协调会议（ICH）以及美国食品药品监督管理局（FDA）、俄罗斯联邦健康和社会发展监督局（Roszdravnadzor）、欧洲药品质量管理局（EDQM）、美国药典委员会（USP）等国际组织、政府机构和非政府组织召开的重要国际会议，在大会上作专题报告15个，向世界展示了我国在药品、生物制品和医疗器械等领域的研究成果和科研水平，宣传了我国政府为保障人民用药安全采取的有效措施，扩大了中国食品药品检定研究院在国际上的影响。全年中国食品药品检定研究院执行国际合作项目13项，举办国际会议7次，各类出访202人次，接待国外来访专家150人次。

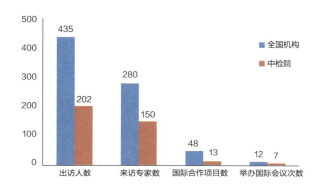

2013年食品药品检验机构国际合作情况：在与世界的交汇过程中，食品药品检验机构尝到了合作交流带来的甜果。2013年，我国检验机构在医疗器械标准体系建设上交出了漂亮的成绩单，争取到4项国际标准的起草权和12项国际标准的修订权；获得了国际标准化组织投票权，今后将正式参与组织工程领域的国际标准制定工作。基于频繁的国际合作与交流，我国检验机构走出了一位位国际专家。目前，拥有美国药典委员会委员4人，在WHO总部任职2人，WHO药物制剂质量标准专家委员会成员1人，WHO疫苗批签发指南起草专家组成员1人，WHO西太平洋地区草药协调论坛的我国常务委员会委员1人。

2. 坚持求是精神实现技术突破

进入21世纪，全球范围内出现了大规模流行病，如2009年爆发了甲流疫情。面对新疫情、新问题，我国食品药品检验机构在求是精神的指导下，突破技术瓶颈，研发新产品，为解决世界性难题贡献了中国智慧。

▶ 案例：2009年，为了应对甲流H1N1疫情，我国自主研发了完全符合国际标准的甲流H1N1疫苗，并在全世界率先一个月进行了批准，在短期内用了一亿多人份，其疫苗的安全性、有效性得到有力验证。2010年7月WHO组织召开甲流疫苗检测方法的总结会，世界有40多个国家的专家到会，共同交流在甲流过程中疫苗控制、检验和方法的经验。中国食品药品检定研究院首席生物制品专家王军志应邀参加，分享我国对甲流疫苗的评估经验。随后，我国的甲流控制方法很快列入了WHO的备用方法中，得到国际采纳。用实力说话，我国检验机构凭借求是精神赢得了国外同行的高度认可。

正是由于我国在生物制品领域的坚实基础和持续探索，中国食品药品检定研究院再度起航，朝着WHO生物制品标准化和评价合作中心（简称：WHOCC）出发。2012年6月，中国食品药品检定研究院正式向WHO递交WHOCC申请。经过近半年的改进与考核，2013年1月1日获得WHO批复，成为继英国NIBSC、日本NIID、澳大利亚TGA、美国CBER、韩国KFDA和加拿大BGTD之后，全球第七个WHOCC，也是发展中国家唯一一个WHO生物制品标准化和评价合作中心。拥有WHOCC这个平台，我国检验机构将及时了解全世界生物医药发展的最新进展，包括质量标准控制的最新方法，可以第一时间和全世界发达国家平等地进行交流，并把我国生物医药标准研究的经验带到国际标准中，积极参与国际标准制定。今后，国际标准中将出现越来越多的中国数据，这对推动我国生物医药产业发展，特别是我国生物制品参与国际竞争，具有深远的影响。

中国食品药品检定研究院获批WHO生物制品标准化和评价合作中心

3. 求是精神与世界交汇共融

我国食品药品检验机构在2012年全国食品药品医疗器械检验检测电视电话会议上，第一次提出并确立了以"为民、求是、严谨、创新"的科学检验精神作为引领全国检验机构的前进方向，其中明确：求是，是科学检验精神的本质。实际上，求是并非我国检验机构的独有精神，而是普遍存在于全球检验领域。我国检验机构善于总结，经过多年实践经验的积淀，提出了检验领域独有的求是精神。我国检验正是在求是精神的指导下，逐步找到了自己的国际专属位置，并以独特的中国魅力影响着世界检验发展的未来格局。

先进领域的培训指导　我国食品药品检验机构主动承担国际义务，积极向国际同行展示我国目前处于国际领先水平的技术与方法，为全球食品药品安全作出贡献。

食品药品检验机构积极配合WHO，在全球范围内推广生物制品优势领域的先进技术。先后承办了WHO"细菌耐药性监测培训班"、"WHO无细胞百日咳疫苗标准化工作组会议"、白喉和破伤风类毒素疫苗以及白破疫苗为基础联合疫苗指导原则定稿会议、WHO生物仿制药评估指南实施研讨会，WHO确保DNA重组生物制品的质量、安全性和有效性指导原则修订非正式咨询会等。

我国自主研发的快检技术，受到美国、俄罗斯、英国、泰国等国家以及世界卫生组织国际药品打假行动计划（IMPACT）技术小组、亚太经合组织（APEC）的高度重视和充分肯定。在世界卫生组织（WHO）设立的全球基金（全球抗击艾滋病、结核病和疟疾基金简称）项目中，利用近红外光谱法和HPLC法对所选抗艾滋病、抗结核病和抗疟疾药物进行快速筛查研究工作。2007年，中国食品药品检定研究院培训了24名来自越南、新加坡、古巴、伊朗、朝鲜等国外相关机构的技术人员。2009年、2011年，中国食品药品检定研究院分别在广州、杭州主办了第一届、第二届国际药品快速检测技术研讨会，在全球范围内推进国际快检研究与合作，深层次挖掘快速检测技术的新应用，并与世界共享快检成果。

FDA专家到中国食品药品检定研究院学习快检技术

促进我国医药产业国际化　我国食品药品检验机构发挥技术优势，从提高产品的质量标准入手，帮助企业破解科研难题，用实际行动推进我国医药产业国际化。

在所有医药产品中，中药是中华民族的瑰宝，在世界上处于独一无二的地位，这是中药走向世界，为世界人民健康服务的特殊优势。因此，中药产业国际化意义更加深远。经过近几十年的发展，中医药已传播到世界上160多个国家和地区，中药出口额大幅攀升，2013年中药类产品出口额高达31.38亿美元。然而令人尴尬的是，中药在欧美国家一直无法以药品身份注册。促进中药身份转变，加快产业国际化速度，食品药品检验机构责无旁贷。

🔗 **链接：** 在求是精神的指导下，检验机构以提高药品标准为抓手，全面了解产品生产情况，解决产品标准与国际接轨中遇到的技术困难，帮助中药标准达到较高水平。"十一五"期间，我国中药国际化取得较好成绩，已经完成中药国际推荐标准50项，其中20种进入美国药典审核程序，10种标准纳入美国药典。

中药标准逐步实现与国际接轨，为中药企业走向世界市场搭建好沟通的桥梁。2014年上半年，天士力生产的复方丹参滴丸、绿叶制药生产的血脂康胶囊、上海现代制药生产的扶正化瘀片3个品种进入FDA Ⅲ期临床试验。我国中药在欧盟的注册速度也进一步加快，截至2014年上半年已有4个品种完成欧盟注册。相信在不久的将来，将有更多的中药得到世界认可，进入国际市场。

"长风破浪会有时，直挂云帆济沧海"理念的确立，氛围的营造，制度的保障，使得科学检验精神的种子在中华大地生根发芽，并已经转化为食品药品检验机构践行求是，知行合一的实际行动。精神在传承，事业在延续，历史赋予食品药品检验工作者的责任，必将在检验事业发展建设的实践中，显示出更加蓬勃的生命力，求是不止，征途不息。

为提炼科学检验精神的内核和精髓，《求是篇》编委会全体人员按照《科学检验精神丛书》编委会的统筹安排，在中国食品药品检定研究院、各专业院所等多方专家的悉心指导下开展了此书的编写工作。

编写工作从2014年3月28日扬州的系统全体编委会后正式启动，一路沧桑、摸索前行，历经天津启动会、大连第一次审稿会、天津统稿会、天津第二次审稿会、最后的统稿定稿，编委会从酝酿策划、编写方案、框架制定、素材征集，思路碰撞、几易其稿，至正式付梓，历时半年之久。

围绕丛书总编委设定的"突出可读性、指导性和实用性，要成为食品药品检验机构的教科书"的编写定位，求是编委会全体成员以高度的责任感、使命感展开了漫长艰辛的探索求是之路。路漫漫、其修远兮，而今回顾我们的编写历程体现以下两个显著特点：首先是组织机构搭建合理、分工明确。编写工作从主编、副主编、执行主编到各编委，各司其职、相互配合，形成了和谐统一、步调一致的良好氛围，大家拧成一股绳，为了共同的目标不断追求，汇聚了强大的正能量。再是拥有一支不同年龄、不同阅历、人才济济的编委队伍。本书共分为8章，编者中既有经验丰富的管理人员、也有科研和技术学术带头人、职能科室的骨干，更有思维活跃的新生代小将，他们思维缜密、才华横溢、积极进取，以勇者的无畏精神和倾力投入，一步一个脚印，不断尝试、不断吸收、不断求索。由于编写内容要充分体现行业特点，各篇章都由编委起草人独立或合力撰写，应该说我们是"原生态"编写。隔行如隔山，在观点把握、论据选择和文字拿捏等方面大家虽各有所长，但要想抓准精髓，合理表达立意，困难不言而喻。为了写好这本书，大家付出了大量的心血和努力，在繁重的工作之余，抽出时间深入相关科室、兄弟院所以及相关企业机构进行请教、调研、访谈、一丝不苟、精益求精。

当书稿呈现在我们面前时，回想走过的路，"青灯孤影苦思寻，字斟句酌撰文章，酷暑饥渴浑不顾，错把晨曦当黄昏"这也许就是我们全体编写作者的真实写照，大家的敬业奉献就是对求是精神的最好诠释，充分体现了这支团队的精神凝聚力。

最后衷心感谢一直默默给予我们支持和鼓励的各院所的同事们，无论何时，他们都给予我们最真挚、最纯粹的支持和鼓励。他们一直是我们全体编委前行的同伴、风雨同舟，未曾停下脚步，他们默默站在身后，激励着我们、给我们力量……

雄关漫道真如铁，而今迈步从头越。保障公众饮食用药安全是天大的事，国家赋予食品药品检验机构全体人员的职责和使命一定会驱使我们继续走下去，我们的脚步不会停下来，因为我们知道自己为什么出发……

邵建强

2014年12月

参考文献

［1］　边振甲．以能力建设为核心全面加强新体制下检验检测工作．中国药事，2009 23
　　　（9）：843-846.

［2］　曾智，杨悦．改革创新整合优势资源开拓食品药品检测技术体系新思路．中国药
　　　事，2010，24（2）：147-152.

［3］　金少鸿、粟晓黎．我国药品质量分析研究的实践和展望．药品评价，2010，7
　　　（10）：24-24.

［4］　金少鸿、粟晓黎．基于QbD理念的药品质量分析研究新概念．药物分析杂志，
　　　2011，31（10）：1845-1849.

［5］　谭德讲，鲁静．中药生物活性检测方法的思考．中国药事，2011，25（11）：
　　　1086-1088.

［6］　刘永刚，刘倩，张宏桂等．乌头类中药中药效指标成分的确定及含量测定［J］．中
　　　国药房，2010，21（11）：1002-1003.

［7］　［美］彼得·德鲁克．21世纪的管理挑战．机械工业出版社，2014.

［8］　杨杜．现代管理理论．经济管理出版社，2013.

［9］　李波、张河战．药品检验实验室质量管理手册．中国标准出版社，2014.

［10］　斯蒂芬·P·罗宾斯，玛丽·库尔特．管理学（第11版）．中国人民大学出版社，
　　　2012.

［11］［美］彼得·德鲁克．管理的实践．机械工业出版社，2014.

［12］　中华人民共和国国家质量监督检验检疫总局，中国国家标准化管理委员会．质量
　　　管理体系要求．北京：中国标准出版社，2008-08.

［13］　金帮琳．浅议组织的质量方针和质量目标［J］．认证认可．2006，3：24-25.

［14］　马健．组织宗旨、质量方针、质量目标的建立与审核．中国认证认可，2010，
　　　169：29-32.

［15］　闫道广，李东，赵质良．检测实验室质量方针和质量目标的制定与考核．国防技
　　　术基础，2008，10：21-23.

［16］　宋其玉．关于质量方针和质量目标的探讨．世界标准化与质量管理，2003，12：
　　　25-27.

［17］　黄慧玉．ISO9001质量体系方针目标管理在民政精神病院中的应用．中国民康医

学, 2010, 22（2）: 230-231.

[18] 游浚. 我对质量方针的再认识. 质量春秋, 2008, 6: 26-28.

[19] 曾德唯. 疾控实验室质量管理实践与思考. 中国卫生检验杂志, 2013, 23（9）: 2190-2192.

[20] 王立新等. 医学实验室质量管理体系研究. 检验医学与临床. 2013, 10（6）: 754-756.

[21] 项新华, 张河战等. 初论药品适量控制实验室质量管理体系规范的基本框架. 中国药事. 2013, 27（6）: 584-591.

[22] 徐晓华. HACCP方法在药品质量风险管理中的应用. 中国医药工业杂志. 2010, 41（8）: 631-635.

[23] 虞精明. 论质量负责人在管理体系运行中的关键作用. 中国卫生检验杂志. 2011, 21（1）: 232-233.

[24] 左毅. 浅论食品药品检测实验室之质量监督. 中国药事. 2013, 27（8）.

[25] 董旭. 符合新版GMP要求的质量管理体系建设. 中国卫生工业. 1672-5654（2013）08（b）-172-02.

[26] 胡昌勤. 药品检测车运行模式的探讨 [J]. 中国药事. 2008, 22（8）: 43.

[27] 姜红, 江燕, 赵亚萍等. 湖北省药品快速检测方法研究现状及分析. 中国药事. 2011; 25（6）: 564-568.

[28] 金少鸿, 许明哲. 中国药品检测车的功能和近年来的成就. 药物分析杂志. 2011; 31（12）: 2347-2350

[29] 陈唯真, 于宝珠, 杨腊虎. 首届国际药品快速检验技术论坛随笔. 药物分析杂志. 2009, 29（11）: 1981.

[30] 李波等. 药品检验技术 [M]. 北京: 中国医药科技出版社, 2013: 2-14.

[31] 高志峰, 张启明. 建立高效运行的补充检验方法批复体系之我见. 中国药事. 2011, 25（5）: 449-450.

[32] 高志峰, 林兰. 药品应急检验管理的对策初探. 中国新药杂志. 2014, 23（13）: 1484-1486.